KB198516

세상에서 가장 재미있는
30가지
식물학
이야기

출판은 사람과 나무 사이에서 이루어지는 가치 있는 일입니다.
도서출판 사람과나무사이는 의미 있고 울림 있는 책으로
독자의 삶을 좀 더 풍요롭게 만들기 위해 최선을 다하겠습니다.

KODOMO TO TANOSHIMU KUSAHANA NO HIMITSU
© HIDEHIRO INAGAKI & HIDAKA NAOTO 2021
Originally published in Japan in 2021 by X-Knowledge Co., Ltd.
Korean translation rights arranged through Danny Hong Agency SEOUL.

이 책의 한국어판 저작권은 Danny Hong Agency를 통해
X-Knowledge Co., Ltd.와의 독점계약으로 사람과나무사이에 있습니다.
저작권법에 의해 한국 내에서 보호받는 저작물이므로 무단전재와 무단복제를 금합니다.

세상에서 가장 재미있는

30가지
식물학
이야기

이나가키 히데히로 지음 · 서수지 옮김

사람과
나무사이

들어가는 말

"'안다'는 것은 '느낀다'는 것의 반만큼도 중요하지 않다."

세계적인 해양생물학자이자 열정적인 생태주의자 레이철 카슨이 『센스 오브 원더』에 쓴 글이다.

아이들과 산책을 나서면 꽃을 피우는 식물들도 볼 수 있고, 식물들을 둘러싼 벌레들이나 새소리도 만날 수 있다. '식물에 대해 잘알지 못해서', '식물에는 별로 관심이 없어서' 같은 이유로 아이와 산책 나가기를 망설이는 건 너무나 안타까운 일이다.

나에게는 가슴 쓰린 기억이 하나 있다.

"아빠, 이거 봐. 재밌는 걸 찾았어!"

아이가 기묘한 모양의 뭔가를 들고 오면서 재잘재잘 말하던 때였다. 나는 그때 이렇게 말하고 말았다.

"그거 말이니? 그건 대만자루맵시벌의 고치야."

그 순간 아이의 얼굴에서 웃음기가 싹 사라지더니, 아이는 시무룩한 표정으로 어딘가로 가버렸다. 물론 내가 말한 내용이 틀린 건 아니었다. 그러나 그것은 '정답'이 아니었다. 내가 어떻게 말해야

했을까. 당신이라면 어떻게 말할까?

아이들은 살아 움직이는 생명체다. 햇빛 아래서, 자연 속에서, 다양한 것들을 느끼고 경험한다. 이런저런 것들을 받아들인다. 그 과정에는 놀라움과 감동도 있다. 그러면서 아이들은 성장해나간다.

『센스 오브 원더』에는 이런 문장도 있다.

"아이들이 경험하는 모든 것들이 지식과 지혜의 싹을 틔우는 씨앗이라면, 다양한 정보와 풍부한 감수성은 이 씨앗을 키우는 비옥한 토양이다. 어린 시절은 이 토양을 갈고 일구는 시기다."

당신이 식물에 대해 잘 알지 못해도 상관없다. 식물에 관심이 없어도 괜찮다. 어쨌든 아이의 손을 잡고 밖으로 나가보자. 아이와 함께 신나게 즐기자. 함께 웃고, 아이가 자유를 만끽하게 해주자.

이 책은 당신이 아이와 함께 자연 속에서 행복을 즐기는 방법을 알려줄 것이다.

차례

제비꽃이 씨앗을 멀리 날려 보내는 뜻밖의 절박한 이유는?

제비꽃 (봄)

들판에서 피어나는 꽃들은 씨앗을 멀리 날려 보내기 위해 갖은 방법을 동원한다. 민들레는 솜털로 씨앗을 날려 보내고, 도꼬마리는 가시가 있는 열매를 이용해 사람의 옷이나 동물의 털에 찰싹 붙어 먼 곳으로 이동한다. 제비꽃은 열매가 여물면 몸을 뒤집어서 씨앗을 튕겨낸다. 이렇게 식물의 씨앗은 알 수 없는 세상으로 여행을 떠난다.

왜 식물은 씨앗을 멀리 날려 보내는 걸까?

그 이유 중 하나는 식물의 분포지를 확장하기 위해서다. 씨앗을 먼 곳으로 이동하게 하여 생활 범위를 넓혀나가는 것이다. 이런 방식으로 식물은 번성한다. 하지만 곰곰이 생각해보면 멀리 여행을 떠난 씨앗이 무사히 싹을 틔우고 자라나 적절한 땅에 정착한다는 보장은 없다. 그런데도 왜 식물은 굳이 씨앗들을 긴 여행에 떠나보내는 걸까?

식물의 씨앗들이 무모할 만큼 머나먼 여행길에 오르는 까닭은 영역을 확장하겠다는 것 외에도 중요한 이유가 또 있다. 그것은 바로 다음 세대의 식물들을 부모 식물에게서 최대한 멀리 떨어뜨려놓기 위해서다.

씨앗이 부모 식물 근처에 떨어질 경우, 아이러니하게도 부모 식물은 씨앗의 생존을 가장 위협하는 존재가 된다. 부모 식물의 잎이 무성해지면 싹을 갓 틔운 씨앗이 부모 식물의 그늘에 가려져 충분히 자라날 수 없기 때문이다. 게다가 씨앗은 물과 양분도 부모 식물에게 빼앗긴다. 부모 식물이 내뿜는 화학물질이 어린 새싹의 성장을 방해할 수도 있다.

이처럼 안타깝게도 부모 식물과 자식 식물이 필요 이상으로 붙어 있는 건 오히려 서로에게 독이 되는 일이다. 그래서 식물은 자식들을 낯선 고장으로 떠나보낸다. 자식을 독하게 독립시켜서 스스로 성장하게 하는 것이다.

자식이 언제까지나 부모 곁에 있으면 스스로 꽃을 피우기 어렵다. 들꽃들은 부모의 품이 얼마나 편안한지, 또 품안의 자식이 얼마나 사랑스러운지를 잘 알고 있기에 눈물을 머금고 이별한다.

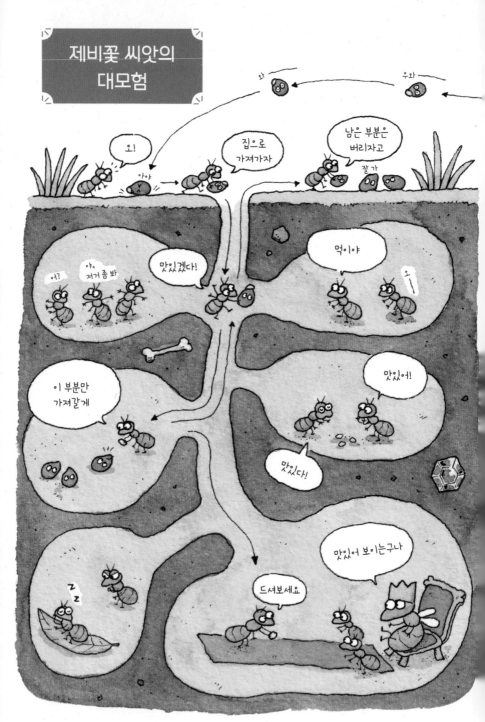

튕겨나가는 씨앗

제비꽃은
이런
식물

씨앗의 하얀 부분은
개미가 좋아하는 먹이

부모에게서 튕겨나가 멀리 떨어진 장소에 자리 잡는 제비꽃 씨앗. 씨앗에 붙은 맛있는 먹이를 노리고 개미들이 바글바글 모여든다. 개미들은 씨앗을 개미굴 안으로 운반하는데, 먹고 남은 씨앗들은 그대로 버려진다. 이렇게 제비꽃은 개미들을 배달부로 이용한다. 도심에서는 도로의 틈새나 돌담 사이의 흙에서 자라나는 제비꽃의 모습을 흔히 발견할 수 있다.

알고 보면
도심에 흔한 제비꽃

발견 확률 : ★★★

영어 : 바이올렛(violet)

별명 : 오랑캐꽃

개화기 : 봄

꽃말 : 순진한 사랑

로제트형 식물은 왜 잎만 땅바닥에 펼칠까?

봄망초 (봄)

16

추위가 기승을 부리는 겨울철에는 누구나 어깨가 잔뜩 움츠러든다. 몸을 움츠리면 온기를 유지할 수 있기 때문이다. 하지만 식물은 몸을 움츠릴 수 없으니 빛이 있어야 살아갈 수 있다. 그래서 들판에서 자라는 풀꽃은 잎을 땅바닥에 납작 엎드려 펼친다. 위에서 보면 로제트라는 장미 모양으로 배열된 식물과 닮아서 이런 형태로 자라는 식물을 '로제트' 또는 '방석 식물'이라고 부른다.

로제트 모양의 식물은 대부분 줄기를 뻗지 않고 잎만 땅바닥에 펼친다. 봄망초도 여기에 속한다. 이런 유의 식물의 경우 밖으로 노출되는 부분은 잎뿐인데, 그것도 측면만이다. 이 자태로 몰아치는 찬바람을 버텨낸다. 로제트 모양의 식물처럼 땅바닥에 납작 엎드리면 신기하게도 따스한 기운이 느껴진다. 로제트형 식물의 겨울나기 방식은 기능적으로 뛰어나서 다른 풀꽃들도 흉내 내곤 한다.

그러나 로제트 모양은 단지 겨울나기를 위한 채비만이 아니다. 겨울을 나려면 씨앗과 알뿌리(구근)처럼 땅속에서 잠자는 게 안전하다. 로제트형 식물은 추운 겨울에도 광합성을 할 수 있는 모양이다.

로제트형 식물의 비밀은 땅속에 있다. 자그마한 로제트 아래에는 튼실하고 길쭉한 뿌리가 있다. 로제트 모양의 식물은 광합성으로 만든 영양분을 부지런히 뿌리에 저장한다. 물론 뿌리의 성장은 눈에 보이지 않으니, 우리가 볼 수 있는 건 작은 잎이 추위에 견디는 모습뿐이다. 하지만 로제트형 식물은 뿌리를 뻗으며 힘을 축적하고, 봄이 오면 비축한 영양분을 사용해 꽃을 피운다.

로제트형 식물과 같이 봄에 빠르게 꽃을 피우는 들꽃은 모두 겨우내 잎을 펼치고 있던 식물이다. 겨우내 성장을 계속해 봄이 오면 마침내 꽃을 피우는 것이다.

봄망초

19

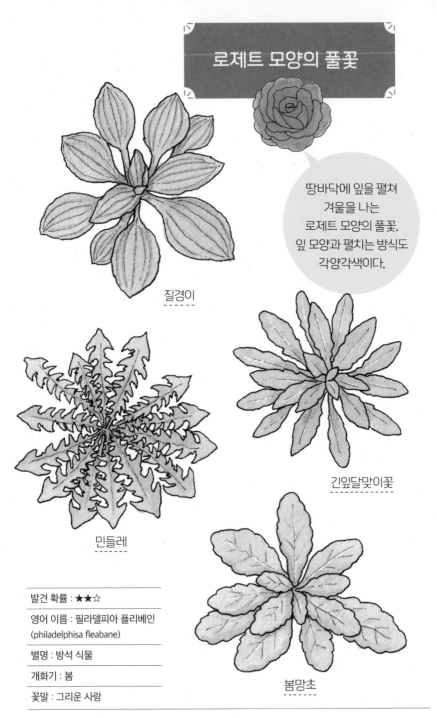

로제트 모양의 풀꽃

땅바닥에 잎을 펼쳐
겨울을 나는
로제트 모양의 풀꽃.
잎 모양과 펼치는 방식도
각양각색이다.

질경이

긴잎달맞이꽃

민들레

봄망초

발견 확률 : ★★☆

영어 이름 : 필라델피아 플리베인
(philadelphisa fleabane)

별명 : 방석 식물

개화기 : 봄

꽃말 : 그리운 사랑

냉이

꽃마리

떡쑥

뿌리뱅이

21

살갈퀴도 '곁눈질'하며 성장한다는데?!

살갈퀴 (봄)

"왜 공부에 집중하지 못하는 거니?"

주의가 산만한 아이를 보고 있노라면 한숨이 푹푹 나오다 못해 머리끝까지 화가 치밀곤 한다. 아이들은 온갖 일에 관심을 보이는데, 그 모습이 때로는 집중하지 못하는 것처럼 보여 부모 속을 새까맣게 태운다. 그런데 온갖 일에 머리를 들이밀고 관심을 보이는 게 과연 꾸중을 들어야 할 정도로 나쁜 일일까?

우리는 '곁눈질하지 않고' 한 가지 일에 몰두하는 모습을 바람직하게 여기곤 한다. 하지만 식물의 성장에서 곁눈질을 빼놓을 수는 없다. 애초에 식물은 '눈'이 없지만 '곁눈'은 가진다. 잎이 나는 부근에서 곁눈을 만들며 줄기를 뻗어나가는데, 곁눈 대부분은 싹으로 남고 성장하지 않지만 중요한 역할을 수행한다.

줄기가 똑바로 자랄 때는 곁눈이 필요하지 않다. 하지만 줄기의 성장이 언제나 순조롭게 이루어지지는 않는다. 예기치 못한 사태로 줄기 끝이 싹둑 잘려나갈 때도 있는데, 이 순간 곁눈이 성장해서 새로운 줄기를 뻗음으로써 식물은 계속 살아갈 수 있다.

곁눈질하지 않고 성장하는 개체가 더 빨리 성장할 수도 있다. 그러나 곁눈이 없다면 어떻게 될까? 한번 좌절하면 그대로 성장이 멈출지도 모른다. 곁눈을 잔뜩 가지고 있기에 부러져도 꺾여도 다시금 성장할 수 있다. 식물이 살아가려면 적극적으로 '곁눈'을 늘려나가는 과정이 중요하다.

아이들도 이런저런 일에 '곁눈질'한다. 엉뚱한 데 정신이 팔려 성장을 잠시 멈춘 것처럼 보일 수도 있지만, 성장에만 모든 것을 쏟아부어서는 뎅겅 부러진 순간 그대로 끝나버릴 수도 있다. 삐끗했을 때나 벽에 부딪혔을 때, 그동안 해온 '곁눈질' 덕분에 꺾이거나 성장을 멈추지 않으며 계속 자라날 수 있다.

25

다 여물면 콩알(깍지)이
까맣게 변하는 살갈퀴.
마지막에는 깍지가 터지며
씨앗을 퍼뜨린다.

꽃이 나는 꽃밖꿀샘에서 꿀을 ————
내보내 개미를 유혹한다.

꽃밖꿀샘

식물이 꽃에만 꿀을 저장하는 건 아니다. 살갈퀴는 잎 부근에서도 꿀을
분비한다. 잎이 돋는 부분의 거뭇거뭇한 무늬가 꿀샘. 개미는 이 꿀샘
을 지키려고 다가오는 곤충을 내쫓는다. 이렇게 달콤한 꿀로 개미를 동
료로 만들어 해충으로부터 자기 몸을 지키는 작전을 구사한다.

발견 확률 : ★★★　　영어 이름 : 내로리브드 베치(narrow-leaved vetch)

별명 : 커먼 베치, 가든 베치, 용기　　개화기 : 봄　　꽃말 : 인연, 작은 연인들

다양한 풀피리

친숙한 식물 중에는 풀피리를 불 수 있는 종류도 있다. 일본에서는 살갈퀴로 피리 소리를 낼 수 있다고 해서 '삐삐콩'이라고도 부르는데, 깍지 안의 콩을 끄집어내고 나서 꼭지에 칼집을 넣어 입에 물고 불면 '삐삐' 소리가 난다. 뚝새풀로도 피리를 불 수 있다. 뚝새풀은 논둑에서 주로 자라는데, 뱀이 많이 나오는 곳에서 자란다고 해서 이런 이름이 붙었다는 설도 있다. 잎을 아래로 내리고, 입술을 대고 불면 뚝새풀에서 삐삐 소리가 나서 가지고 놀 수도 있다. 민들레 줄기를 잘라내어 한쪽을 짓이겨서 불어도 피리 소리가 난다. 어떤 풀로 풀피리를 가장 멋지게 연주할 수 있을까?

살갈퀴

뚝새풀

민들레

27

뽀리뱅이는 개보리뺑이와 어떻게 다를까?

개보리뺑이 (봄)

"옆집 애는 전 과목이 다 1등급이라던데, 너는 왜 이 모양이니?"

아이에게 잔소리를 한바탕 퍼붓고 나서 후회할 때가 다들 있을 것이다. 다른 아이와 비교하면 안 된다는 걸 잘 알면서도, 우리는 무심코 아이들을 비교한다. 이럴 때, 아이의 기분은 어떨까?

이처럼 비교를 당해 마음이 짠한 들꽃도 있다. 봄의 전령으로 알려진 개보리뺑이다. '된장뚝갈'이나 '보리뺑풀'이라 부르기도 하는데, 시골에서는 나물로 무쳐 먹기도 한다.

개보리뺑이는 자그마한 꽃을 피우는 앙증맞은 풀이다. 이름 맨 앞에 있는 '개'에는 '야생의, 질이 떨어지는, 비슷하지만 다른, 헛된' 등의 뜻이 담겨 있다. 막 돋아나는 모습을 나타내는 '뽀리'와, 사람이나 사물을 일컫는 '뱅이'가 합해진 뽀리뱅이에 '개'를 붙인 건, 뽀리뱅이와 닮긴 했지만 아니라는 뜻이다.

민들레처럼 노란 꽃을 피우며 자라는 개보리뺑이는 작은 잎이 사방으로 펼쳐져 자란다. 똑같이 노란 꽃을 피우는 뽀리뱅이와 헷갈리기 쉬워서 이런 이름이 붙은 것 같다.

들판에 가면 뽀리뱅이와 비슷하지만 그보다 몸집이 작은 것이 있다. 꽃은 깜찍하게 작은데, 뽀리뱅이에 비하면 키가 작고 연약해 보인다. 그래서 접두사 '개'를 붙인 것일 수도 있다. 개보리뺑이라는 이름이 조금 억울할 수도 있겠다.

뽀리뱅이는 키가 커서 눈에 잘 띈다. 반면 논밭 구석에 오도카니 꽃을 피우는 개보리뺑이는 뽀리뱅이에 비해 아담하고 수수해서 알아보기가 쉽지 않다.

뽀리뱅이랑 닮았지만 다르다고 해서 '개'가 붙은 개보리뺑이. 둘 다 사랑스러운데 비교하다 보니 조금씩 억울한 이름이 붙어버렸다. 들에 피는 개보리뺑이도 논밭에 피는 뽀리뱅이도 아롱이다롱이 사랑스러운 꽃을 피우는 매력적인 들꽃이다. 단순히 비교해서 이름을 붙이고 넘어가기에는 아깝지 않을까?

민들레꽃과 닮았다?
꽃은 꽃대 끝에 꽃잎이 뭉쳐 붙어서
머리 모양을 이루는 '두상화'.
알고 보면 민들레와 친척인
'나도민들레아족'.

개보리뺑이는
이런
식물

뿌리뺑이를 닮았다고 해서
앞에 '개'를 붙여 개보리뺑이라고
부르게 되었다.

뿌리뺑이

개보리뺑이

공터나 길가에서 흔히 볼 수 있는 들꽃이다. 큰 개체는
1미터가량 자라기도 하는데, 길가에서 흔히 볼 수 있는 개
체는 20~30센티미터 정도이다. 꽃을 자세히 살펴보면
상당히 깜찍한 모양이다. 꼼꼼히 관찰하면 국화과 식물로
추정할 수 있다.

발견 확률 : ★★☆
영어 이름 : 니플러트(nipplewort)
별명 : 오랑캐꽃
개화기 : 봄
꽃말 : 순진한 사랑

봄을 알리는 일곱 가지 들풀

미나리, 냉이, 떡쑥, 별꽃, 뽀리뱅이, 순무, 무는 봄을 알리는 들풀로, 일본에서는 1월 7일에 이 일곱 가지 풀을 넣어 죽을 쑤어 먹는 풍습이 있다. 논밭에서 자라는 떡쑥과 별꽃, 뽀리뱅이, 미나리, 냉이에 순무와 무를 합한 것이다. 들풀과 채소가 섞여 있어 어색해 보이긴 하지만, '들에서 나는 나물'인 '들나물'이란 말도 있으니 따지고 보면 그리 어색한 것도 아니다.

순무

뽀리뱅이

별꽃

무

떡쑥

미나리

나물죽

냉이

옆으로 뻗어나가는
냉이도
하늘을 올려다본다?

냉이 (봄~초여름)

누구나 한창 아이를 키울 때는 이런저런 고민이 꼬리에 꼬리를 물고 이어져서 머리가 터질 것만 같기 마련이다. 아이들과 전쟁을 치르다 보면 "무자식이 상팔자"라는 속담이 하루에도 몇 번씩 머릿속을 맴돈다. 육아로 지친 날에는 모두 다 내팽개치고 잔디밭에 큰대자로 누워서 굴러다니며 복잡한 머릿속을 비워내면 어떨까.

그러면 어떤 풍경이 보일까? 푸른 하늘이 보일 수도 있고, 하얀 구름이 둥실둥실 떠다니는 모습이 눈에 들어올 수도 있다. 끝없이 펼쳐진 푸른 하늘, 흘러가는 하얀 조각구름, 따스하게 내리쬐는 햇살……. 골치 아픈 일들을 훌훌 털어내면 한결 후련해질 것이다. 몸속에서부터 힘이 솟구치는 느낌이 들 수도 있다.

정신을 차리고 주위를 두리번거리면 작은 들꽃이 잎을 펼친 모습도 볼 수 있다. 자, 여기서 질문 하나. 식물은 과연 어디를 바라보고 있을까?

자세히 살펴보면 들풀들은 거의 예외없이 태양을 향해 잎을 펼친다. 물론 위로 자라는 식물만 있는 건 아니다. 그중에는 옆으로 뻗어나가는 식물도 있다. 그러나 하늘을 올려다보는 건 모두 다 같다.

식물이 정답이다. 큰대자로 누워 뒹굴며 바라본 풍경이야말로 들꽃들이 보고 있는 바로 그 풍경이다. 몸속에서부터 힘이 되살아나는 듯한 감각이 들판의 풀꽃들이 느끼는 생명의 기운일 수 있다.

식물들을 보라. 모두 하늘을 보며 살고 있다. 고개를 숙이고 있는 풀은 하나도 없다.

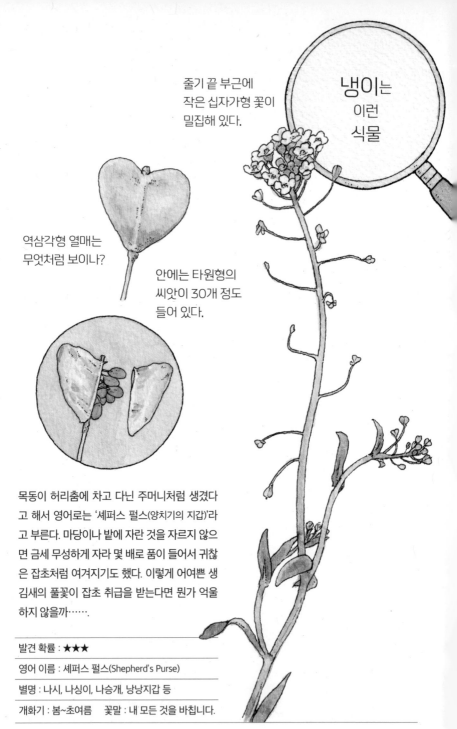

줄기 끝 부근에
작은 십자가형 꽃이
밀집해 있다.

냉이는
이런
식물

역삼각형 열매는
무엇처럼 보이나?

안에는 타원형의
씨앗이 30개 정도
들어 있다.

목동이 허리춤에 차고 다닌 주머니처럼 생겼다
고 해서 영어로는 '셰퍼스 펄스(양치기의 지갑)'라
고 부른다. 마당이나 밭에 자란 것을 자르지 않으
면 금세 무성하게 자라 몇 배로 품이 들어서 귀찮
은 잡초처럼 여겨지기도 했다. 이렇게 어여쁜 생
김새의 풀꽃이 잡초 취급을 받는다면 뭔가 억울
하지 않을까…….

발견 확률 : ★★★

영어 이름 : 셰퍼스 펄스(Shepherd's Purse)

별명 : 나시, 나싱이, 나승개, 낭낭지갑 등

개화기 : 봄~초여름   꽃말 : 내 모든 것을 바칩니다.

소리를 즐기는 풀꽃

자연을 느끼려면 오감을 총동원해야 한다. 오감이란 다섯 가지 감각을 말하는데, 눈으로 보는 시각, 귀로 듣는 청각, 코로 냄새를 맡는 후각, 혀로 맛보는 미각, 손으로 만지는 촉각을 일컫는다. 가령 눈을 감으면 새소리와 벌레 소리, 바람 소리, 졸졸 개울물 소리 등이 또렷하게 들린다. 식물의 소리를 즐기기는 쉽지 않지만, 소리를 즐기는 놀이도 있다. 눈으로 보기만 해서는 아까우니, 오감을 갈고닦아 자연을 한껏 즐겨보자.

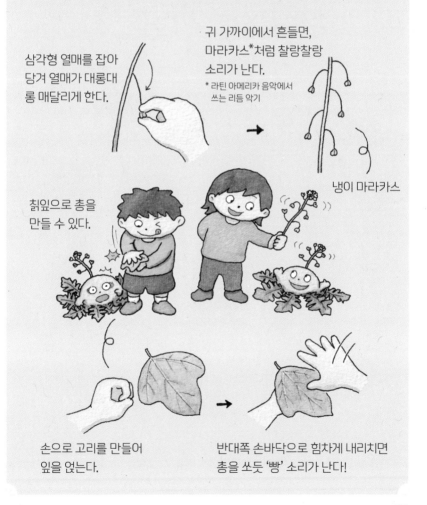

삼각형 열매를 잡아 당겨 열매가 대롱대롱 매달리게 한다.

귀 가까이에서 흔들면, 마라카스*처럼 찰랑찰랑 소리가 난다.
* 라틴 아메리카 음악에서 쓰는 리듬 악기

냉이 마라카스

칡잎으로 총을 만들 수 있다.

손으로 고리를 만들어 잎을 얹는다.

반대쪽 손바닥으로 힘차게 내리치면 총을 쏘듯 '빵' 소리가 난다!

39

GNAPHALIUM AFFINE

떡쑥이
'어머니의 자식 사랑'을
상징하는 까닭은?

떡쑥 (봄~초여름)

떡쑥은 '서국초(鼠麴草)'라고도 부르는데, 일본의 일부 지방에서는 '모자초(母子草)'라고 쓰기도 한다. 풀 전체에 하얗고 보송보송한 털이 돋아 있어 어머니와 자식 사이의 훈훈한 사랑을 연상시키는 모자초라는 이름은 이 풀에 딱 어울린다.

세상 사람들이 모성애를 숭고하게 생각하는 것과는 다르게, 실제 육아의 현장은 전쟁터나 다름없이 치열하다. 아이들은 제맘대로 순식간에 딴짓을 하고, 말을 듣지 않는 아이를 향해 엄마는 소리치게 되기도 한다. 항상 인자한 얼굴로 미소 지으며 조곤조곤 타이르는 무한한 인내심을 발휘하는 것은 좀처럼 쉽지 않은 일이다.

떡쑥에 돋아 있는 털은 벌레에게 먹히지 않기 위해 진화한 거라고 추정된다. 이 자잘한 솜털이 들어간 떡쑥으로 떡을 만들면 솜털이 얽히며 끈기가 생긴다고 해서 옛날에는 떡쑥으로도 쑥떡을 만들었다고 한다. 떡쑥으로 만든 '모자병(母子餠)'은 옛날 일본에서 여자아이의 성장을 축하하는 전통 축제인 히나마쓰리에 빠지지 않는 별미였는데, '어머니와 자식을 결합한다'는 말뜻이 터부시되며 모자병 만들기를 꺼려 점차 떡쑥 대신 쑥을 사용해 떡을 만들게 되었다고 한다.

어머니가 자식에게 쏟는 깊은 사랑을 사람들에게 강렬하게 전달해준 모자초는 단아한 어머니의 모습이라기보다는 육아에 지친 어머니처럼 '부스스하게 흐트러진 풀'이다.

아이를 키우는 어머니도 가끔은 어깨의 힘을 빼고 멍하게 시간을 보내면 좋지 않을까? 신나게 놀아도 죄책감을 가질 필요는 없다. 떡쑥을 보라. 부스스한 풀에서 어머니의 따뜻한 사랑을 맛본 솜털들은 곧이어 여행을 떠나 스스로 살아간다.

꽃이 진 후에 솜털이 달린 열매가 맺힌다.

떡쑥은 이런 식물

온몸이 하얗고 복슬복슬한 털로 뒤덮여 있다.

잎 뒷면에는 털이 빽빽하고 복슬복슬하게 나 있다.

떡쑥의 복슬복슬한 털은 왜 나는 걸까? 해충과 병충해로부터 몸을 지키기 위해서? 수분 증발을 막기 위해서? 그것도 아니면 추위로부터 몸을 지키려고? 여러 가지 가능성을 떠올릴 수 있는데, 진짜 이유는 아무도 모른다. 자연은 아직 밝혀지지 않은 불가사의로 가득하다.

발견 확률 : ★★☆	
영어 : 저지 커드위드(Jersey cudweed)	
별명 : 모자초, 해방초, 솜쑥	
개화기 : 봄~초여름	
꽃말 : 진실한 생각, 대가 없는 사랑	

떡쑥은 축하 식물?

떡쑥은 일본에서 인형을 의미하는 '고교(御形)'라고도 불린다. 여자아이들의 건강을 비는 3월 3일 축제인 히나마쓰리와 관계가 있다고 알려졌다. 히나마쓰리의 상징으로는 히시모찌와 복숭아꽃도 있는데, 히시모찌는 세 가지 색 떡을 순서대로 쌓는 것으로, 아래서부터 녹색·흰색·빨간색 순으로 쌓으면 '눈 아래에 새싹(쑥)이 트고, 복숭아꽃이 피는' 모습을 표현한 것이고, 하얀색·녹색·빨간색 순이면 '눈 속에서 새싹이 트고, 복숭아꽃이 핀다'는 의미다. 화훼농가에서는 축제 기간에 맞추기 위해 속성 재배로 복숭아꽃을 피워 출하하기도 한다.

복숭아꽃

인형

히시모찌

TRIFOLIUM REPENS

행운의 상징
'네잎클로버'가
상처의 흔적이라고?

토끼풀 (봄~여름)

토끼풀도 다른 많은 들풀과 마찬가지로 옆으로 자라는 식물이다. 일반적으로 '클로버'라고 불린다. 트럼프 카드의 클로버 마크로 잘 알려진 것처럼, 토끼풀은 잎이 세 장이다. 그런데 가끔 잎이 네 장인 것이 발견되어 찾는 이들의 가슴을 설레게 한다. 그게 바로 '네잎클로버'다.

네잎클로버는 행운의 상징으로 널리 알려져 있는데, 아일랜드의 수호성인인 성 파트리치오가 클로버의 세 잎을 '사랑·희망·믿음'의 삼위일체에 비유한 후 네 번째 잎을 '행복'이라고 이야기한 데서 유래했다고 한다.

네잎클로버를 찾아 정신없이 풀밭을 헤맨 추억을 가진 사람도 많을 것이다. 클로버 무리에 꼭꼭 숨어 있는 네잎클로버를 찾는 숨바꼭질은 아이나 어른 모두에게 즐거운 추억으로 남는다. 대부분이 세 잎인 클로버 사이에 숨은 네잎클로버를 잘 찾는 비결은 뭘까? 네 잎이 되기 쉬운 장소를 찾으면 성공 확률이 더 높아진다는 것이다.

네 잎이 생기는 원인은 다양하게 추정되는데, 가장 잘 알려진 것으로는 잎의 바탕이 되는 부분이 손상되며 생긴다는 것이다. 그래서 길가나 학교 운동장처럼 발에 밟히기 쉬운 장소를 뒤지는 게 네잎클로버를 찾는 첫 번째 비결이다.

수시로 밟히는 곳에서 행운의 상징인 네잎클로버가 발견된다는 뜻밖의 사실에 다들 어리둥절할 수도 있겠다. 하지만 이런 사실은 참된 행복은 밟혀도 자라나는 네잎클로버와 같다는 깨달음을 우리에게 전해주는 것인지도 모른다.

하얀 꽃이 공 모양으로
빽빽하게 모여 있다.
왜 꿀이 있는 곳은
밖에서는 보이지 않을까……?

붉은토끼풀
'진홍토끼풀'
이라고도 불린다.
잎에 하얀 털이
나 있다.

복숭아 클로버
복숭앗빛 꽃을 피운다.

빽빽하고 작은 꽃 안쪽에 꿀이 숨어 있어서 영리한 꿀벌만 꽃
잎을 밀어젖혀 꿀을 빨아 간다. 꿀벌만 꿀을 가져갈 수 있는 구
조로 만들어져 토끼풀과 식물끼리 효율적으로 꽃가루 교환이
이루어질 수 있다. 꽃은 피었다 지면 밖에서부터 늘어진다.

발견 확률 : ★★★
영어 이름 : 화이트 클로버 (white clover)
별명 : 클로버
개화기 : 봄~여름
꽃말 : 약속, 복수

화관 만들기

① 꽃 두 줄기를 목 부분에서
교차시킨다.

② 위에 올린 꽃의 줄기를
뒤에서부터 돌려 앞으로 꺼낸다.

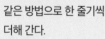
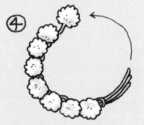

③ 같은 방법으로 한 줄기씩
더해 간다.

④ 적당한 길이가 될 때까지
연결하고 마지막 줄기를
처음 줄기 고리에 끼우면 완성!

아이들은 꽃을 따서 왕관이나 팔찌 같은 장신구를
조물조물 만든다. 꽃을 엮는 방법은 다양하다. 도대
체 누가 이런 방법을 생각해냈을까? 아이들은
참으로 슬기로운 존재다. 하지만 요즘은 자
운영이나 클로버 꽃밭에 앉아 꽃을 엮는
아이들의 모습을 보기 어렵다. 꽃밭이
별로 없어서일까.

풀솜나물은 왜
'부자초'로 불릴까?

풀솜나물 (봄~가을)

　따스한 봄 햇살 아래에 '모자초(母子草)'라고도 불리는 떡쑥이 핀다. 이 떡쑥의 친척 식물로 '부자초(父子草)'라는 별명으로 알려진 풀솜나물이 있다. 어머니가 있으면 아버지도 있어야 하니, 구색을 맞추려고 이름을 붙였을 수도 있다.

　화사한 노란 꽃을 피우는 떡쑥과 비교하면 자갈색 수수한 꽃을 피우는 부자초는 눈에 잘 띄지 않는다. 줄기도 가늘어 살짝 빈약해 보인다. 봄을 상징하는 일곱 가지 풀로도 꼽히는 떡쑥과 달리 인지도도 낮다. 역시 아버지의 정은 어머니의 정에 비할 바가 아닌 걸까.

　도감을 펼쳐 보면 '떡쑥에 비해 눈에 잘 띄지 않는다'거나 '떡쑥과 비슷하나 살짝 부실한 느낌이 든다'는 설명이 있다. 아버지들이 보기에는 다소 서운할 듯하다. 게다가 이 풀솜나물은 옛날에는 흔했는데, 요즘은 개체수가 줄어들어 점점 더 존재감이 희미해지고 있다. 산책길에서 흔히 볼 수 있는 떡쑥과 달리, 풀솜나물은 좀처럼 찾을 수 없다.

　옛날 일본에는 "지진, 천둥, 화재, 아버지"라는 말이 있을 정도로 아버지의 존재는 산처럼 컸다. 때로는 불호령을 내리는 엄한 존재라서 생겨난 말이기도 하다. 하지만 요즘에는 아버지의 존재감이 많이 줄어들었다. 주방에 발조차 들이지 않던 아버지들이 최근에는 집안일에 적극 참여하고 자녀를 돌보는 변화가 일어나고 있다.

근래에는 풀솜나물 대신 '선풀솜나물'이라는 남아메리카가 원산지인 외래 식물이 급속히 세력을 확장하고 있다. 이 선풀솜나물이 토종 식물이던 풀솜나물의 세력권을 잠식하고 압도하는 중이다. '선'이라는 말이 붙은 이유는 원래 있던 '풀솜나물'과 구분하기 위해서였는데, 지금은 토종 식물이 영 맥을 못 추고 있다.

풀솜나물의 존재감이 약해지는 와중에 외국산 '선풀솜나물'이 증식하고 있다. '아버지'라고 불리던 엄격한 부자상이 사라지고, '딸바보'라 불리는 요즘 아빠들이 증가하는 오늘날의 현실과 닮아 있는 듯하다.

55

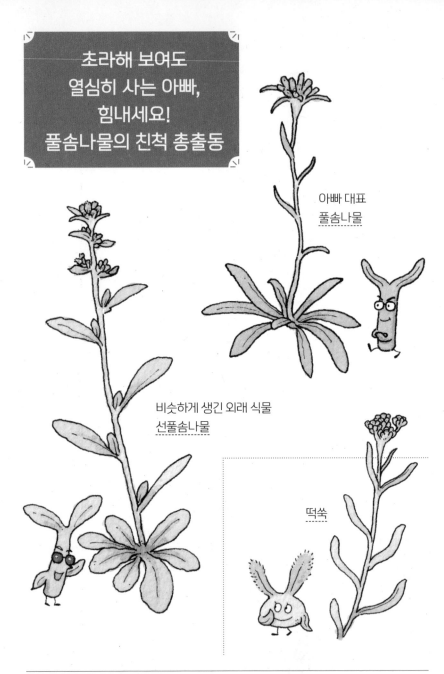

초라해 보여도
열심히 사는 아빠,
힘내세요!
풀솜나물의 친척 총출동

아빠 대표
풀솜나물

비슷하게 생긴 외래 식물
선풀솜나물

떡쑥

발견 확률 : ★★☆ 영어 이름 : 재패니즈 커드위드(japanese cudweed)

별명 : 부자초(父子草), 창떡쑥 개화기 : 봄~가을 꽃말 : 아버지의 사랑

풀솜나물

풀솜나물은 수수해서 눈에 잘 띄지 않는데, 잔디밭 등을 꼼꼼히 뒤져보면 찾을 수 있다. 자주풀솜나물은 이파리가 커서 눈에 잘 띈다. 잎의 뒷면이 새하얀 것이 특징이다. 줄기를 뻗지 않고 잎만 퍼지는 로제트 모양이라도 찾을 수 있다. 미국풀솜나물은 잎이 가늘어 잘 눈에 띄지 않는데, 꽃이 밝은 빨강이라 꽃을 보고 찾을 수 있다. 풀솜나물 친척은 줄기 끄트머리에 꽃을 피우는데, 선풀솜나물은 줄기 중간쯤에 달린 잎에서 꽃을 피우는 특징이 있다.

잎 뒷면이 하얀
자주풀솜나물

꽃이 밝은 빨강인
미국풀솜나물

57

괭이밥이 때로
햇빛이 쨍쨍한 대낮에도
잎을 닫는 이유는?

괭이밥 (봄~가을)

햇빛은 식물의 생육에 꼭 필요한 아주 소중한 자원이다. 온갖 식물들이 햇빛을 찾아 줄기를 뻗는다. 길가에서 자라는 괭이밥은 밤이 오고 햇빛이 사라지면 커튼을 닫듯 잎을 축 늘어뜨리는데 가끔은 햇빛이 쨍쨍한 대낮에 잎을 닫기도 한다. 왜 괭이밥이 소중한 햇빛을 애써 사양하듯 일부러 잎을 꽁꽁 닫을까?

햇빛은 식물의 성장에 없어서는 안 되는 요소이지만, 너무 강하면 오히려 계륵 같은 존재가 된다. 식물의 광합성 능력은 빛이 강할수록 높아지는데, 일정 정도 이상으로는 높아지지 않는다. 식물의 능력을 넘어서기 때문이다.

너무 강한 빛은 오히려 잎의 조직을 손상시킨다. 사람은 햇빛에 오래 노출되면 까무잡잡하게 타는 수준을 넘어 살갗이 벗겨지고 물집이 잡히는 일광 화상을 입는데, 식물도 그렇다. 그래서 괭이밥이 잎으로 커튼을 쳐서 햇빛을 가리는 것이다.

밝고 따스한 햇빛은 '부모님의 사랑'과 같다. 햇빛이 없으면 풀꽃들은 성장하지 못하고 시들어버린다. 아이들에게 부모의 사랑은 식물에게 태양과 같다. 하지만 너무 강한 빛은 풀꽃에 긍정적인 영향을 주기는커녕 상처를 입히고 만다. 부모의 사랑이 너무 지나칠 때 아이에게 독이 되는 것과 마찬가지다.

빛은 너무 약해도, 그렇다고 너무 강해도 생물에게 보탬이 되지 않는다. 식물을 키우는 일 역시 쉽지 않다. 물론 햇빛이 없으면 식물은 살아갈 수 없다. 따스하고 온화한 빛이 내리쬘 때 괭이밥은 잎을 활짝 펼치고 다시금 사랑스러운 하트 모양의 잎을 보여준다.

괭이밥

괭이밥

괭이밥

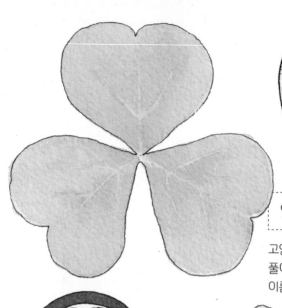

잎은 어여쁜 하트 모양

고양이가 배탈 났을 때 뜯어먹는 풀이라고 해서 '괭이밥'이라는 이름이 붙었다.

일본에서는 가문의 문장으로 괭이밥 문양을 사용하기도 한다.

아름다운 꽃이 얼마든지 있는데, 잡초를 굳이 가문의 문장으로 삼는 이유는 결코 평범하지 않을 것이다. 괭이밥은 성가신 잡초라서 뽑아도 계속 자라난다. 이런 잡초에 진저리를 치면서도 작은 풀포기에서 강인한 생명력을 발견해 가문의 상징으로 삼은 것 아닐까.

발견 확률 : ★★★　영어 이름 : 소렐(sorrel)　별명 : 초장초, 시금초

개화기 : 봄~가을　꽃말 : 빛나는 마음, 기쁨

좋아하는 사람이
거울에 비친다!?
괭이밥 전설

괭이밥의 잎에는 수산(蓚酸)이 함유되어 있어,
잎으로 동전을 문지르면 반짝반짝 광이 난다.
옛날 일본에서는 괭이밥을 금속이나 거울을 닦
는 데 사용했기 때문에 '황금초(黃金草)'나 '경초
(鏡草)'라고 부르기도 했다. 괭이밥으로 거울을
문지르면 좋아하는 사람의 얼굴이 거울에 비친
다는 전설도 있다. 믿거나 말거나. 괭이밥의 꽃
말은 '빛나는 마음'이다. 거울을 닦듯 우리 마음
도 반짝반짝 빛나게 갈고닦자.

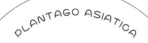

PLANTAGO ASIATICA

질경이가 밟혀도 죽지 않는 비결은?

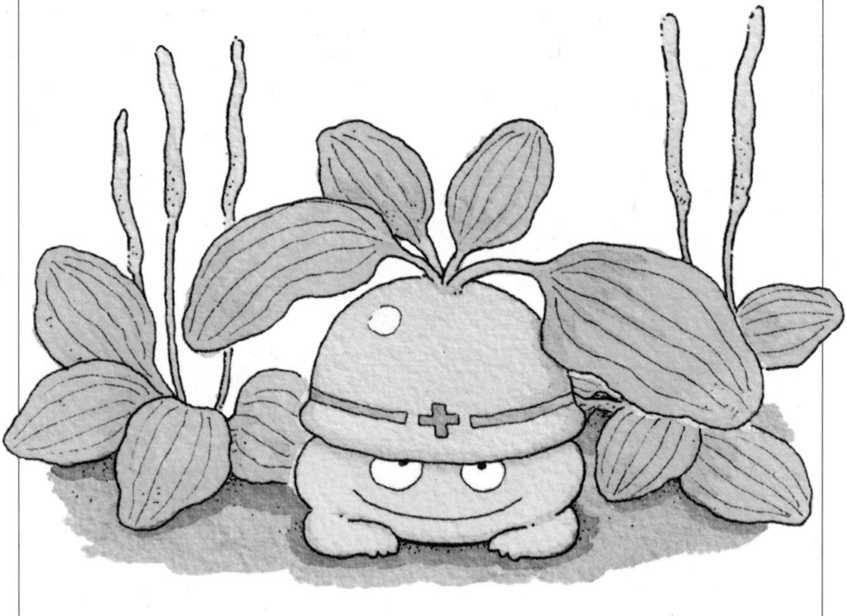

질경이 (봄~가을)

잡초는 밟히면서 살아가는 식물이라는 선입견이
있지만, 잡초가 그저 묵묵히 견뎌내기만 하는 것은 아니다. 역으
로 이용하는 잡초도 있다. 밟히고 또 밟혀도 끈질기게 살아남는
잡초인 질경이는 잡초의 대명사로 통하는데, 길가나 운동장 등
사람들이 많이 오가서 밟히기 쉬운 곳에서도 잘 자란다.

질경이는 밟혔을 때 충격을 적게 받을 수 있도록 잎을 땅바닥
에 납작 붙이듯이 펼치며 자란다. 커다란 잎은 낭창낭창 부드러
워 보이는데, 잎 안에는 다섯 줄기의 튼튼한 실이 들어 있다. 잎을
뜯어서 살살 잡아당기면 이 실을 뽑아낼 수 있다. 유연하기도 하
고 강하기도 해서 밟히거나 납작하게 깔려도 짓이겨지거나 짓눌
리지 않는다. 꽃을 피우기 위해서는 줄기를 뻗어야 하는데, 줄기
는 잎과 반대로 바깥쪽이 단단하고 안이 부드럽다. 그래서 밟히
는 대로 유연하게 모양을 바꿀 수 있고 꺾이지도 않는다.

질경이가 짓밟히는 삶만 견뎌내는 게 아니다. 질경이의 씨앗
은 젤리 형태의 물질을 지니고 있어서 물에 젖으면 점착성을 띠
고, 사람의 신발이나 자동차 타이어에 붙어 옮겨갈 수도 있다. 민
들레가 바람을 타고 씨앗을 옮기듯, 질경이는 사람에게 밟히면서
씨앗을 퍼뜨린다. 그래서 길을 따라 올망졸망 질경이가 세력을
확장한 모습을 볼 수 있는 것이다.

누구나 그렇겠지만, 밟히는 것은 식물에게도 반갑지 않은 일이

다. 그러나 질경이는 밟히는 삶을 못마땅하게 여기지도 않고, 극복해야 할 역경으로 받아들이지도 않는 것 같다. 밟히지 않으면 어땠을까 할 정도로 밟히는 삶을 긍정적인 방향으로 바꾸어버렸다. 역경마저 내 편으로 만드는 꿋꿋함이야말로 잡초 정신 그 자체라고 할 수 있지 않을까.

큰직한 잎이 개구리를
닮기도 했고,
개구리가 까무러쳤을 때
질경이 잎을 덮어두면
정신을 차리고 다시 살아나
도망친다는 속설이 전해져
'개구리잎'이라고도 불렸다.

질경이는
이런
식물

질경이의 생존 방식은 사람에게 잘 밟히는
곳과 인적이 드문 곳에서 각기 다르다. 잘 밟
히지 않는 곳에서는 잎을 세우지만, 툭하면
밟히는 곳에서는 손상을 줄이기 위해 땅바
닥에 납작 붙어 잎을 펼친다. 수시로 밟히기
쉬운 곳에서는 작고 가냘픈 모습으로 새순
을 드리우는 개체도 있다.

하얀 실

발견 확률 : ★★★

영어 이름 : 차이니즈 플랜틴(chinese plantain)

별명 : 배짱이

개화기 : 봄~가을   꽃말 : 발자국을 남기다

잎맥의 하얀 실이
밟힘에 강한 비밀?

다양한 풀싸움

줄기와 줄기를 엇갈리게 두고 서로 잡아당겨서 줄기가 끊어지면 지는 '풀싸움'이라는 놀이가 있다. 여러 가지 줄기로 시험해보자. 질경이 외에도 '씨름꽃'이라는 별명이 붙은 식물이 있다. 제비꽃에는 여러 별명이 있는데 그중 하나가 씨름꽃이다. 꽃이 난 부분을 걸고 서로 잡아당겨 풀싸움을 할 수 있다. 바랭이의 이삭을 상투처럼 묶어 엮어서 잡아당기는 풀싸움도 있다. 또 이삭을 뒤집어 종이 인형을 만들어 겨루는 놀이도 있다. 두 갈래로 갈라진 솔잎으로도 풀싸움을 할 수 있다.

유연한 질경이 줄기는 풀싸움에 가장 좋지!

그 밖에도……

솔잎　　　바랭이　　　제비꽃

POA ANNUA

제초 작업이 반복되면
새포아풀의 키가
자라지 않는 까닭은?

새포아풀 (봄~가을)

골프장에 가면 잔디를 고르게 깎아 다듬어놓은 걸 볼 수 있다. 홀 주변의 잔디밭인 '그린'은 잡초 하나 없이 깨끗하다. 이렇게 깔끔한 상태를 유지하려면 수시로 제초 작업을 해야 하는데, 골프장 코스의 잔디는 5밀리미터 높이로 바짝 깎아 가지런하게 다듬어놓는다고 한다.

이곳에서 자라는 잡초 중에 새포아풀이 있다. 원래 20센티미터 넘게 자라는 풀이지만, 그린에서는 키가 거의 자라지 않고 아담한 높이로 이삭을 드리운다.

식물은 장애물 때문에 성장하는 데 방해를 받으면 그 상황을 거스르지 않고 성장을 멈춰버린다. 새포아풀은 반복되는 제초 작업을 거치면 키가 자라지 않는다. 신비로운 자연의 섭리다. 골프장 그린에서 자란 새포아풀 씨앗을 받아서 키우면 역시나 아담하게 자란다. 훌쩍 커봤자 이득이 없는 환경에서 살아오다 보니 쑥쑥 자라지 않는 것이다.

골프장에는 그린 말고도 페어웨이나 러프 같은 잔디 높이가 다른 코스가 있어서 각각 다른 높이로 제초 작업이 이루어진다. 각 코스에서 새포아풀 씨앗을 받아다가 키우면 모두 제초 작업을 마친 높이로 이삭을 드리운다. 장애물로 인해 성장을 멈춘 것이다. 이것이 새포아풀의 생존 전략이다.

이러한 생존 전략은 다른 식물에서도 찾아볼 수 있다. 예를 들어 화분에 키우는 꽃을 너무 애지중지하면 앙증맞은 크기로만 자라는 것과 같다. 사람 손을 많이 타는 환경은 제초 작업과 같이 장애물이나 다름없는 자극을 주는 모양이다.

식물은 스트레스를 받으면 성장을 멈춘다. 스스로 성장하는 힘을 지닌 식물에게 사랑스러워서 어루만지는 손길은 도리어 성장을 방해하는 역설이다. 어여쁜 꽃을 오래오래 보고 싶다면, 어루만지려고 내민 손길을 거두는 게 현명하다.

새포아풀 이름
앞에 붙은 '새'는
'작고 보잘것없다'는 뜻

새포아풀은
이런
식물

이삭이 참새 부리를 닮았다고 해서
일본에서는 '스즈메노카타비라'라고
부르는데, '스즈메'는 참새이고,
카타비라는 '홑옷'이라는 뜻

꽃잎이 없어 눈에
잘 띄지 않지만,
잘 살펴보면 꽃에는
암술도 있고
수술도 있다.

어디서나 자라고, 계절을 가리지 않고
이삭을 드리워서 아무도 눈길을 주지
않는다. 그야말로 '이름 없는 잡초'의 대
명사다. 이렇게 눈에 띄지 않는 작은 잡
초에도 이름을 붙여주다니, 옛사람들
의 관찰력은 참으로 놀랍다.

발견 확률 : ★★★

영어 이름 : 애뉴얼 블루그래스
(Annual Bluegrass)

별명 : 개꾸렘이풀, 새꿰미풀

개화기 : 봄~가을

꽃말 : 저를 밟지 마세요.

열매를
꿩이 밥으로 먹는다고
'꿩의밥속'

새 이름이 붙은 풀꽃들

살갈퀴와 새완두의 중간 크기인 풀꽃이 있는데, 옛사람들은 뭐라고 불렀을까? 일본어로는 까마귀와 참새의 중간 크기인 새니까, 비둘기? 아니면 찌르레기? 정답은 '가라스구사'다. 일본어로 까마귀(가라스)의 '가'와 참새(스즈메)의 '스' 사이라는 뜻이 담긴 이름이다. 한국어로는 새완두와 살갈퀴의 중간 정도라 어중간하다고 해서 '얼치기완두'라고 부른다.

작다는 의미로
참새가 더해진
'뚝새풀'

까매서 일본에서는
'까마귀완두(살갈퀴)'

까마귀보다
작다고 해서
'새완두'

'까마귀가 먹는 보리'라고 불리는
메귀리를 개량한 귀리

두견새의 배와
닮았다고 해서
'뻐꾹나리'

민들레는 요가를 하듯
자세를 바꾼다는데?!

민들레 (봄~가을)

아이들은 장난감이 많아도 꼭 한 가지를 서로 가지고 놀겠다고 아웅다웅 다툼을 벌인다.

"싸우면 안 돼, 동생한테 양보해야지."

어른들은 싸움을 끝내려고 서둘러 둘을 화해시키지만, 과연 어른들에게 아이들 싸움을 말릴 자격이 있는지 궁금하다. 어른들이야말로 서로 양보하며 산다고 할 수 있나 싶어서다.

민들레는 요가를 하듯이 자세를 바꾸며 자라는 식물로 알려져 있다. 줄기를 곧게 뻗어 꽃을 피우는데, 꽃이 피었다가 지면 줄기를 쓰러뜨려 땅바닥에서 옆으로 눕는다. 씨앗이 여물 무렵이 되면 줄기를 다시 일으켜 세워서 가장 높은 곳까지 쭉쭉 뻗는다. 이 민들레 줄기의 움직임은 요가에서 상체를 폴더 폰처럼 접어 숙이는 '전굴 자세'처럼 보이는데, 일본에서는 '민들레 체조'라고 부른다.

줄기를 높이 뻗는 이유는 솜털을 바람에 실어 멀리 날려 보내기 위해서다. 그렇다면 씨앗이 여무는 동안에는 왜 굳이 바닥에 눕는 걸까? 우선 씨앗이 여무는 동안 강풍으로부터 몸을 지키기 위해서라고 추정할 수 있겠다. 또 하나의 설이 있다. 피었다 진 꽃이 몸을 빼며 앞으로 필 새로운 꽃을 곤충들에게 돋보이게 해주는 효과가 있다는 주장이다. 피었다 지는 꽃이 앞으로 필 꽃을 위해 양보하는 셈이다.

민들레 체조와 같은 생존 방식은 다른 들꽃에서도 찾아볼 수 있다. 별꽃은 꽃이 피었을 때 위로 향하지만, 꽃이 지면 아래로 늘어지며 고개를 숙인다. 씨앗이 여물 무렵에는 씨앗을 멀리 퍼뜨리기 위해 다시 위를 보고 곧추선다. 이처럼 먼저 핀 꽃은 욕심을 부리지 않고 다음에 피는 꽃에게 자리를 양보한다. 이런 양보 덕분에 민들레와 별꽃이 자라는 꽃밭은 아름다울 수 있다.

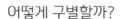

어떻게 구별할까?

총포편이
위를 향한다.

총포편이 뒤집힌다.

서양민들레

민들레

토종 민들레와 외래종인 서양민들레를 구분하려
면, 꽃 아래쪽의 총포편(잎이 변해서 형성된 부분)을
확인하면 된다. 다만 최근에는 교잡이 이루어져
잡종도 많이 관찰된다. 꽃잎처럼 보이는 한 장 한
장은 알고 보면 작은 꽃이며, 민들레는 150송이
이상의 꽃이 모여 이루어진 두상화다.

발견 확률 : ★★★	
영어 : 댄들라이언(dandelion)	
별명 : 안질방이, 앉은뱅이	
개화기 : 봄~가을	
꽃말 : 사랑의 신탁	

솜털 아래에 씨앗이 하나하나.
맑은 날 바람에 날아간다.

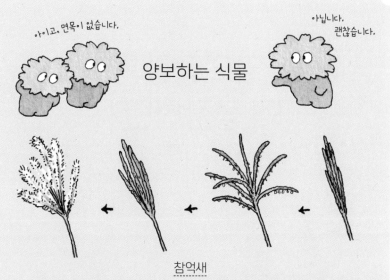

양보하는 식물

참억새
꽃이 피었다 지면 이삭이 닫히고, 씨앗이 여물면 이삭이 열린다.

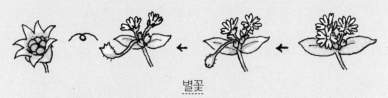

별꽃
꽃이 피었다 지면 고개를 숙이고, 씨앗이 생기면 줄기가 위를 향한다.

민들레와 별꽃처럼 참억새도 꽃이 피었다 진 후에 움직
인다고 알려져 있다. 참억새는 꽃이 피었을 때 이삭을 여
는데, 바람을 맞으면 꽃가루가 날리도록 이삭을 더 활짝
연다. 그런데 꽃이 지면 이삭이 닫히고, 씨앗이 여물면 다
시 이삭이 펼쳐진다. 바람으로 씨앗을 날려 보내기 위해
서다. 식물은 다른 곳으로 이동하지는 않지만, 의외로 꼬
물꼬물 움직인다.

닭의장풀은
왜 성장하면서
줄기에 마디를 만들까?

닭의장풀 (여름)

줄기에 마디를 가지고 있는 식물이 꽤 많다. 마디는 곁눈과 같은 역할을 한다. 여름날 아침, 시원스러운 푸른 꽃을 피우며 우리를 즐겁게 해주는 닭의장풀은 밭에서는 골칫거리인 잡초다. 허리가 아프도록 쪼그리고 앉아 잡초를 뽑고 돌아서면 얄밉게도 새싹이 돋아 있을 정도로 끈질긴 생명력을 자랑하는데, 그 비밀은 줄기의 마디에서 찾을 수 있다.

닭의장풀은 성장하는 동안 줄기에 마디를 만든다. 자라면서 마디를 짓고, 마디를 짓고 나서는 다시 줄기를 뻗는다. 줄기가 꺾였을 때는 마디에서부터 땅바닥으로 뿌리를 내려서 거기서부터 다시 성장할 수 있다.

그리고 보면 '손가락 마디', '마디를 풀다', '이야기 몇 마디' 등 우리는 평소에도 '마디'가 들어간 단어를 자주 쓴다. 옛날에는 마디를 무척 중요하게 여겼다. 1년을 24절기로 나누어, 명절 같은 연례행사를 치르는 날과 평범한 날을 구분했고, 쉬는 날과 농번기 사이에 마디를 지었다.

마디는 지금까지의 성장을 돌아보고 다음 단계를 시작하는 중요한 시기일 수도 있다. 또렷한 마디가 생기면 설령 성장을 그르치더라도 다시 출발할 수 있다. 아이가 태어나면 통과의례라 불리는 갖가지 행사를 맞이하게 된다. 백일이나 돌, 유치원 졸업이나 초등학교 입학 등등 마디가 되는 행사들을 치르는 것이다.

이런 행사들이 생겨난 것은, 아이의 성장 과정을 확실하게 정의해 삶을 단단히 다져나가게 하자는 옛사람들의 지혜가 있어서였을지 모른다. 마디가 있으면 쓰러져도 꺾여도 씩씩하게 다시 일어날 수 있으니.

생후 30일 전후

백일잔치

하쓰젯구*

시치고산**

* 여자아이는 3월 3일, 남자아이는 5월 5일, 2월이나 3월에 태어난 여자아이나 4월이나 5월에 태어난 여자아이는 한 살이 된 이듬해에 치른다.

** 남자아이는 세 살과 다섯 살, 여자아이는 세 살과 일곱 살이 되는 해의 11월 15일에 치르는 행사다.

85

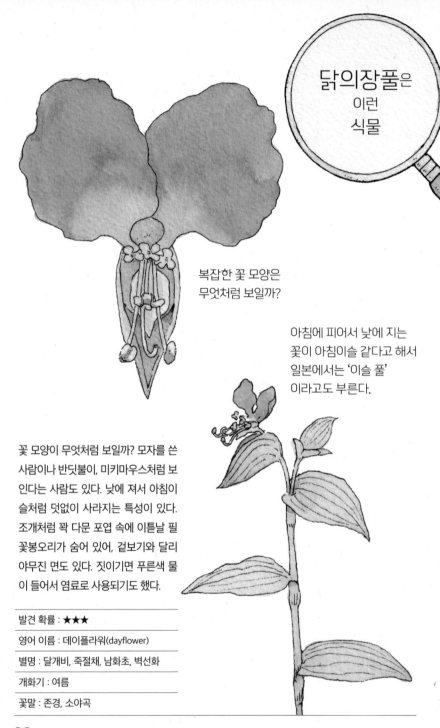

복잡한 꽃 모양은 무엇처럼 보일까?

아침에 피어서 낮에 지는 꽃이 아침이슬 같다고 해서 일본에서는 '이슬 풀'이라고도 부른다.

꽃 모양이 무엇처럼 보일까? 모자를 쓴 사람이나 반딧불이, 미키마우스처럼 보인다는 사람도 있다. 낮에 져서 아침이슬처럼 덧없이 사라지는 특성이 있다. 조개처럼 꽉 다문 포엽 속에 이튿날 필 꽃봉오리가 숨어 있어, 겉보기와 달리 야무진 면도 있다. 짓이기면 푸른색 물이 들어서 염료로 사용되기도 했다.

발견 확률 : ★★★

영어 이름 : 데이플라워(dayflower)

별명 : 달개비, 죽절채, 남화초, 벽선화

개화기 : 여름

꽃말 : 존경, 소야곡

절기와 식물

일본에서는 절기 행사 때 사악한 기운을 물리치는 힘이 있다고 여겨진 식물들을 사용했다. 3월 3일에는 복숭아를 먹었고, 5월 5일에는 창포물에 목욕하거나 쌈밥과 찹쌀떡을 먹었다. 7월 7일에는 소원을 적은 길쭉한 종이를 조릿대에 장식했고, 9월 9일은 특별한 행사 없이 조용히 넘어갔다. 음력은 양력과 일치하지 않아서 계절감이 떨어지므로 지금은 쓰이지 않는 식물도 있다.

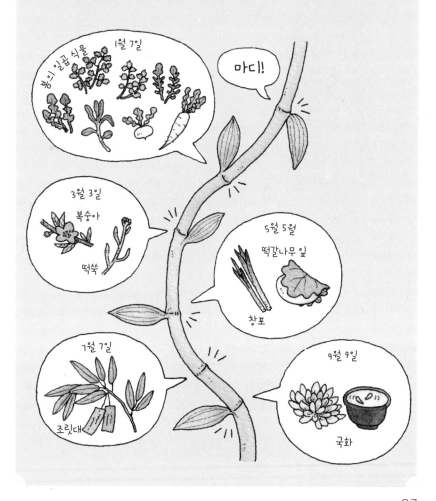

OENOTHERA STRICTA

긴잎달맞이꽃이 밤에 꽃 피우는 걸 맨눈으로도 확인할 수 있다고?

긴잎달맞이꽃 (여름)

깜깜한 밤에도 눈에 잘 띄는 하얀색 꽃을 피우는 식물은? 정답은 93쪽에 있어요.

저녁 식사를 준비하느라 한창 정신이 없는데, 여태껏 잘 놀던 아기가 느닷없이 울음을 터트릴 때가 있다. 흔히 말하는 '잠투정'이 난 것이다. 딱히 배고파하지도 않고, 기저귀도 보송한 상태이지만, 아무리 어르고 달래도 울음을 그치지 않아 발만 동동 구르게 된다.

잠투정의 원인은 아직까지 밝혀지지 않았다. 아기가 잠투정을 시작하면 안고 밖에 나가는 게 효과적일 때도 있다. 저녁나절에 이유 없이 투정을 부린다고 해서 일본에서는 '유구레나키(저녁의 울음)'라고 부른다.

노을이 질 때는 짧은 시간 동안 바깥풍경이 역동적으로 변하는데, 바람이 갑자기 차가워지기도 한다. 여름의 저녁 무렵에는 낮 동안 쩌렁쩌렁 울리던 매미 소리가 작아지고 서서히 풀벌레 소리가 들려온다. 새들은 숲에 있는 둥지로 돌아가고, 하늘빛은 시시각각 변한다.

세 살쯤이었나, 아이가 노을을 보고 말했다.

"노을이 물들고 해가 지면, 하늘이 빨개지다가 구름이 까매졌다가 마지막에 하얘지고, 다시 깜깜한 밤이 와요."

땅거미가 지고 밤이 올 즈음에 하늘이 하얘진다는 말에 순간 어리둥절했다. 그런데 실제로 저녁나절 하늘을 보고 나서 아들이 한 말을 이해할 것 같은 기분이 들었다. 노을이 지는 순간, 하늘에 마치 커다란 무지개가 걸린 듯이 빨강과 보라는 물론 노랑과 하양, 녹색 등등 온갖 색이 총출동해 알록달록 하늘을 물들이고는 사라져 갔다.

어른들은 바쁘게 종종거리는 시간에 아이들은 하늘에서 일어나는 위대한 변화를 느끼고 있었다. 어쩌면 말문이 트이지 않은 어린아이는 낮에서 밤으로 넘어가는 커다란 변화의 시간에 말로 표현할 수 없는 불안을 느껴서 잠투정을 하는 건지도 모른다.

여름날 저녁나절에는 긴잎달맞이꽃 무리가 꽃을 피우며 달콤한 향내를 내뿜는다. 긴잎달맞이꽃은 맨눈으로도 확인할 수 있는 속도로 빠르게 꽃을 피운다. 방금 전까지 봉오리였던 긴잎달맞이꽃이 등불을 피우듯 차례차례 열리며, 어둠 속에서 노랗고 환상적인 꽃이 둥실둥실 떠오른다.

해거름에서 밤 사이에 불과 30분도 되지 않은 짧은 시간에 펼쳐지는 장대한 드라마다. 바삐 움직이던 손을 멈추고, 가끔은 아이를 보듬으며 가만히 바라보는 시간을 갖는 것도 인생을 즐기는 괜찮은 방법이지 않을까.

밤에 피는 꽃의 꽃가루를
옮겨주는 박각시나방

긴잎달맞이꽃은
이런
식물

꽃가루가 끈적끈적한
실처럼 생겼다.

깜깜한 밤에도
눈에 확 띄는 형광색은
어린이용 우산이나 비옷 같다.

박각시나방의 몸에 꽃가루가 한 톨이라도
묻으면 끈적끈적한 실 같은 꽃가루는 줄줄
이 옮겨가 통째로 이동한다. 꽃은 박각시나
방을 유혹하기 위해 와인 같은 강렬한 향기
를 풍긴다. 저녁나절에 꽃을 피우는 긴잎달
맞이꽃은 이튿날 아침이 되면 시들어서 노
랗던 꽃이 빨개진다.

발견 확률 : ★☆☆

영어 이름 : 이브닝 프림로스(evening primrose)

별명 : 해방초(한국에는 광복 무렵에
본격적으로 알려진 꽃이라서 붙은 이름-옮긴이)

개화기 : 여름

꽃말 : 말 없는 사랑, 변덕, 밤의 요정

밤의 드라마

깜깜한 밤은 아이들에게 무섭고 불안한 시간일 수 있다. 하지만 밤은 불가사의하고 신비로운 시간이다. 밤에 하는 산책 역시 색다른 즐거움을 주는데, 개구리 울음소리나 벌레 소리를 들을 수도 있어서다. 게다가 밤에 우는 새도 있다. 여름에는 매미 애벌레가 허물을 벗고 성충이 되는 모습을 볼 수도 있다. 이파리나 꽃이 잠든 것처럼 보이는 식물이 있는 반면, 밤에 피는 꽃도 있어서 깜깜한 어둠 속에서도 눈에 잘 띄는 색으로 피어난다.

93

애기땅빈대가
옆으로 자라는 것이
영리한 생존 전략인 이유는?

애기땅빈대 (여름)

"왜 우리 애만 이렇게 늦된 걸까? 다른 집 애들은 다 잘만 하던데."

마음이 급한 나머지 아이에게 잔소리를 하다가 결국 화를 낼 때가 있다. 하지만 모두가 다 똑같아야 할 필요가 있을까?

들에 자라는 풀들은 하늘을 향해 자란다. 더 높이 올라간 풀이 햇빛을 받을 수 있기 때문이다. 그런데 모두 위를 바라보며 세로로 자라는데, 혼자 옆으로 뻗어 가로로 자라는 삐딱한 풀도 있다. 애기땅빈대가 그렇다.

애기땅빈대는 인도 위처럼 사람이 많이 오가는 장소에서 잘 자란다. 위로 올라가려다가는 발에 밟혀 납작하게 짜부라지니까 처음부터 옆으로 자라서 밟혔을 때의 충격을 피하는 전략을 쓴다.

하지만 다들 세로로 자라는데 혼자서만 가로로 자라도 괜찮을까? 식물의 생존에 꼭 필요한 햇빛은 잘 받을 수 있을까? 땅바닥을 기어다니는 모양이라 햇빛을 충분히 받지 못하는 건 아닐까?

물론 다 쓸데없는 걱정이다. 밟히기 쉬운 환경에서 자랄 수 있는 식물은 많지 않다. 경쟁할 만한 다른 식물이 없으므로 애기땅빈대는 가로로 자라도 이파리 가득 햇빛을 독점할 수 있다.

그렇다면 꽃은 어떨까? 꽃가루를 옮겨주는 벌과 등에 같은 곤충이 애기땅빈대의 꽃을 못 보고 지나치지는 않을까?

사실 이 부분도 걱정할 필요가 없다. 애기땅빈대는 벌이나 등

에가 아닌 개미에게 꽃가루를 옮기는 전략을 구사하기 때문이다. 개미는 애기땅빈대의 줄기를 타고 이동하며 꿀을 모으는데, 이 과정에서 개미 입 주변에 묻은 꽃가루가 다른 곳으로 옮겨진다. 개미는 꿀 냄새만 맡고 모여드는 실용적인 곤충이라서 다른 풀들처럼 아름다운 꽃잎으로 장식해 벌과 등에를 불러 모을 필요도 없다.

그래서 애기땅빈대의 꽃은 수술과 암술이 각각 한 자루씩인 단순한 구조다. 상대가 개미이다 보니 아주 작은 꽃만 피워도 번식하기 충분하고 꿀의 양이 적어도 상관없다. 개성으로 똘똘 뭉친 단순 소박한 애기땅빈대의 생활 방식은 여유롭고 쾌적하다.

다른 식물과 다른 방식으로 자라서 대성공을 거둔 애기땅빈대는, 각자 뻗어나가는 방식이 따로 있다는 교훈을 우리에게 전해 준다.

애기땅빈대는
이런
식물

하얗고
복슬복슬한 털

잎 한가운데
검은 무늬

줄기를 절단하면 나오는
하얀 즙으로 해충으로부터
자신을 지킨다.

늘 다니던 익숙한 길에서도 뜻밖의 발견을 할 때가 있고, 잠시
멈춰 선 순간에 비로소 눈에 들어오는 생명도 있다. 쪼그려 앉
아 살펴봐야 겨우 보이는 풍경도 있다. 애기땅빈대의 꽃을 찬
찬히 살펴보면, 개미가 분주히 꿀을 갈무리하는 게 보인다. 아
무도 돌아보지 않는 발치에서 펼쳐지는 풍경이다.

발견 확률 : ★★★

영어 이름 : 스포티드 스퍼지
(spotted spurge)

별명 : 유초(乳草)

개화기 : 여름

꽃말 : 집착, 은밀한 열정

세로로 자라는
'직립형'

쇠무릎, 도꼬마리,
비짜루국화 등

갈래를 치며 옆으로 자라는
'분기형'

별꽃, 닭의장풀,
쇠비름 등

풀들의
성장 방법

인간은 필사적으로 위로 자라려고 애쓰지만, 식물은 위로만 자라지 않고 환경에 맞게 각기 다양한 방식으로 성장한다. 같은 류의 식물이 직립형이기도 하고 포복형이기도 하는 등 자유롭게 방식을 선택해 자라난다.

땅바닥에 줄기를 뻗어
옆으로 쭉쭉 자라는
'포복형'

뱀딸기, 토끼풀,
애기땅빈대 등

줄기를 뻗지 않고 잎을
무성하게 드리우는
'뭉쳐나기형'

참억새, 새포아풀, 수크령,
방동사니, 강아지풀 등

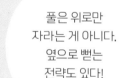

풀은 위로만
자라는 게 아니다.
옆으로 뻗는
전략도 있다!

잎만 퍼져나가고
줄기는 뻗지 않는
'로제트형'

민들레, 개보리뺑이, 질경이 등

덩굴을 뻗는
'덩굴형'

살갈퀴, 왕과, 칡 등

땅바닥에서 밟히며 산다

개미자리 등

잡초 키우기가
채소나 꽃 키우기보다
어려운 건 왜일까?

연꽃 (여름)

혹시 잡초를 키워본 적이 있는가? 잡초라면 스스로 알아서 나는 풀인데, 굳이 키운다고? 별난 취미라고 생각할 수도 있겠다. 그런데 실제로 잡초의 씨앗을 땅에 뿌리거나 화분에 심어 물을 주며 기르는 사람도 있다.

알아서 나는 풀인데 굳이 키운다고 하니 취향 참 특이하다고 할지 모르겠다. 그래도 한번 씨를 뿌려보자. 내버려두어도 알아서 자라니 키우기 쉬울 거라고 생각한다면 큰 착각이다. 잡초를 키우는 일은 생각만큼 쉽지 않은데, 그 이유는 잡초가 우리의 생각대로 자라주지는 않기 때문이다.

잡초는 씨앗을 땅에 뿌려도 좀처럼 싹이 나지 않는다. 채소나 꽃이라면 씨앗을 땅에 뿌린 후 물을 주고 며칠 기다리면 싹이 올라온다. 그런데 잡초는 다르다. 땅에 씨를 뿌리거나 화분에 심고 물을 준 다음에는 아무리 기다려도 싹이 나지 않는다. 채소나 꽃은 발아에 적합한 시기에 씨앗을 뿌리기 때문에 우리의 의도대로 싹이 나는 반면, 잡초는 싹이 나는 시기를 스스로 결정한다. 우리 뜻대로 자라지 않는다.

좀처럼 싹이 나지 않는 성질을 '휴면(休眠)'이라고 부른다. 쉬면서 잠을 잔다니 이 얼마나 태평한 생명체인가 싶지만, 꼭 그렇지도 않다. 잡초가 싹을 틔우는 시기는 매우 중요하다. 적절한 시기를 놓치면 제대로 자랄 수 없어서 잡초는 싹을 틔울 시기를 까다

롭게 고른다.

목이 빠져라 기다려도 싹이 안 난다고 애태울 필요는 없다. 때가 되면 잡초가 알아서 싹을 틔우기 때문이다. 엉뚱한 시기에 급히 싹을 틔우면 자라지 못하므로 빨리 싹이 나온다고 좋은 건 아니다. 자연의 섭리에 따라 싹을 틔우는 시기는 다 따로 있다.

연잎의 구조는 떠먹는
요구르트의 뚜껑처럼 생겼다?
연꽃의 땅속줄기는 우리가
반찬으로 먹는 그 연근!

꽃이 피었다 진 후에는
벌집을 쏙 빼닮았다.

꽃이 진 후의 연꽃은 벌집처럼 생겼는데 이를 연실(蓮實)이라 부른다. 연잎은 물을 튕겨내기 때문에 물방울은 도르르 구르며 연잎 위에서 돌아다닌다. 이를 '연잎 효과'라고 부른다. 떠먹는 요구르트 중에는 뚜껑에 요구르트가 묻지 않아서 혀로 핥아먹을 필요가 없는 것도 있는데, 연잎 효과를 응용해 개발한 것이다. 연꽃은 좀처럼 싹이 나지 않기 때문에 씨앗을 뿌리기 전에 사포로 갈아 상처를 조금 냄으로써 싹이 나기 쉽게 만들기도 한다.

발견 확률 : ★★☆   영어 이름 : 로터스(lotus)   별명 : 화중군자(花中君子)   개화기 : 여름   꽃말 : 웅변

좀처럼
싹이 나지 않아도
**씨앗을
뿌려보자**

씨앗을 뿌리면 싹이 난다. 당연한 상식처럼 느껴지지만, 생각해보면 자연의 신비를 담고 있다. 커다란 나무도 처음에는 자그마한 씨앗 한 톨에서 시작되었다. 씨앗을 뿌렸는데 싹이 올라오지 않으면 조바심이 나고, 그러다 싹이 나면 뿌듯한 마음이 든다. 꼭 직접 씨앗을 뿌리고 싹이 나는 모습을 관찰해보자. 채소나 꽃도 좋고, 주변에서 찾은 들풀도 색다른 재미가 있다.

알고 보면 도토리도 씨앗이다. 호박이나 사과 씨는 싹이 날까? 현미는 외피를 깎아내지 않은 벼과 씨앗을 말한다. 이외에도 여러 씨앗으로 시험해보자.

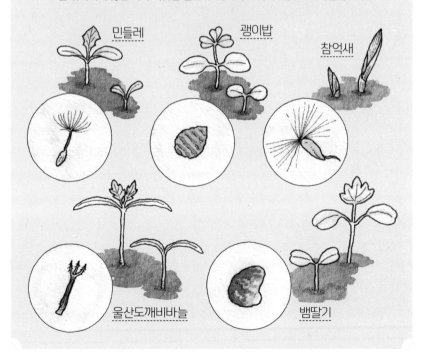

민들레

괭이밥

참억새

울산도깨비바늘

뱀딸기

PORTULACA OLERACEA

쇠비름도 옆으로 자라는
식물이라는데?!

쇠비름 (여름)

많은 식물이 하늘을 바라보며 위로 쑥쑥 자란다. 우리는 위로 또 위로 자라는 식물을 보고 기뻐한다. 키우는 식물이 잘 자라면 흐뭇하다.

그러나 애기땅빈대처럼 예외적인 사례로 알 수 있듯, 식물의 세계에서는 위로 자라는 방식이 반드시 바람직한 것만은 아니다. 종류에 따라 적합한 성장 방식이 있고, 환경에 따라 알맞은 성장 방식이 있기 때문이다. 이처럼 식물의 성장 방식은 다양하다. 위로 자라지 않고 옆으로 자라는 식물도 차고 넘치는데, 쇠비름도 그중 하나다. 쇠비름은 옆으로 줄기를 뻗어나간다.

식물의 생육을 측정하는 지표로는 '초장(草長)'과 '초장(草丈)'이 있다. 둘은 비슷한 용어인데, 뜻이 약간 다르다. 앞의 초장은 뿌리부터 식물 끝까지 잰 높이를 말하며, 뒤의 초장은 뿌리부터 식물의 끝까지 잰 길이다. 무슨 차이인지 몰라 고개를 갸웃거릴 수도 있겠다.

세로로 자라는 식물은 높이와 길이가 별반 차이 나지 않는다. 하지만 가로로 자라는 식물은 완전히 다르다. 지면에서 수직으로 높이를 잴 수 있는데, 옆으로 자라는 식물은 성장해도 높이는 그대로 0이다.

우리는 무심코 식물의 성장을 높이로만 판단한다. 위로 잘 자라면 슬슬 다듬어줄 때가 되었다고 느끼지만, 땅바닥을 기어서 옆으로 자라는 잡초의 성장에는 둔감하다. 우리에게는 높이가 중요해 보일지라도 식물의 생육을 가늠하는 잣대는 어디까지나 길이에 있다.

길이는 식물의 높이를 자로 재기만 해서는 알 수 없다. 성장 방향을 조심조심 따라가지 않으면 길이를 측정하기 어렵다. 그렇다면 아이의 성장은 어떨까? 우리는 아이의 성장을 길이로 재고 있을까? 아니면 높이에만 집중해 아이의 길이를 평가해주지 않고 있을까.

쇠비름

109

쇠비름은 이런 식물

채송화와 친척이며,
작지만 어여쁜 꽃을 피운다.

열매가 익으면
모자처럼 벗길 수 있다.
일본에서는 '작은 모자'라는
의미의 속명을 가지고 있다.

잎이 다육질이고 끈적하다. 잎이 말의 치아를 닮았다 하여 '마치채(馬齒菜: 말의 치아 풀)' 또는 말비름, 먹으면 오래 산다고 하여 '장명채(長命菜: 긴 수명 풀)'라고 부르기도 하며, 음양오행에서 말하는 다섯 색을 다 갖추었다고 해서 '오행초(五行草)'라고도 부른다. 낮에는 기공을 닫아 증발을 막는 선인장과 같은 구조로 이루어져 건조한 환경에 강하다.

발견 확률 : ★★☆	
영어 이름 ; 커먼 퍼슬레인(common purslane)	
별명 : 마치채, 장명채, 오행초	
개화기 : 여름	
꽃말 : 언제나 튼튼, 순수	

흔히 볼 수 있는 식물 중에는
독이 있는 것도 적지 않은데, 오랫동안 가열하면
독성이 없어져 먹을 수 있는 것도 있다.
다만 반려견 산책 코스나 제초제를 살포하는 공원,
도로변에 난 잡초는 먹지 않는 게 안전하다.

개비름나물 무침

비름나물 버터 볶음

민들레 샐러드

별꽃 오믈렛

쇠뜨기 달걀 볶음

먹을 수 있는 잡초

비름은 인도가 원산지이며, 아마란서스라고도 불린다. 떫은맛이 없어서 옛날부터 맛
있는 잡초의 대명사로 통한다. 끓는 물에 살짝 데쳐서 소금과 참기름을 넣고 나물로 무
쳐 먹으면 별미다. 쇠비름은 비름과 닮았다고 해서 붙여진 이름이다. 개비름도 비름과
의 식물로, 데쳐서 나물로 무치거나 튀겨서 먹으면 맛있다. 별꽃은 파슬리 대신 사용하
거나, 달걀과 섞어 오믈렛을 만들어 먹는다. 서양민들레는 유럽에서는 채소로 분류되는
데, 다른 나라에서도 원래는 채소로 취급되었다. 양상추와 비슷한 쌉쌀한 맛이 나고, 샐
러드로 만들어 먹을 수 있다. 쇠뜨기는 고사리와 함께 식용 양치식물의 대표 주자다.

강아지풀에는 왜 '강아지풀'이라는 이름이 붙었을까?

강아지풀 (여름~가을)

식물에는 꽃말이 있다. '동심', 즉 '어린아이의 마음'이라는 꽃말을 가진 식물이 있다. 바로 강아지풀이다. 강아지풀은 꽃다운 꽃을 피우지 않는, 어디에서나 흔히 자라는 잡초다. 이 보잘것없는 잡초에도 어엿한 꽃말이 있는 것이다.

복슬복슬한 이삭이 강아지 꼬리를 닮아서 '강아지풀'이라는 이름이 붙었는데, 한자로는 '구미초(狗尾草)'라고 쓴다. 영어로는 '그린 폭스테일(green foxtail)' 또는 '와일드 폭스 밀레(wild foxtail millet)'라고 하는데, 이것은 여우 꼬리를 닮았다고 해서 붙여진 이름이라고 한다.

언어에 따라 이름은 달라도 강아지풀을 보고 느끼는 감정은 비슷해, 사람살이가 다 똑같다는 생각이 든다. 일본에서는 강아지풀을 낚싯대처럼 흔들면 고양이[네코]가 재롱부리기[자라시]를 한다고 해서 '네코자라시'라는 별명으로 부르기도 한다.

아이들도 강아지풀을 가지고 논다. 복슬복슬한 털이 자란 이삭을 송충이로 속여 친구를 놀래며 놀거나, 친구 등에 넣어 간지럽히기도 한다. 강아지풀은 고양이뿐 아니라 아이들에게도 인기 있는 장난감이다. '동심'이라는 말이 딱 들어맞는 식물이다.

가만히 놔두면 아이들은 언제까지고 논다. 아이가 놀기만 하면 애타는 부모는 "그만 놀고 가서 공부해"라고 잔소리한다. 하지만 옛 어르신들은 "아이들은 노는 게 일"이라며 바깥에서 신나게 뛰

어노는 아이들의 모습을 보고 흐뭇해하셨다. 예전 아이들은 마음 껏 놀았지만, 요즘 아이들은 워낙 할 일이 많으니 마음껏 뛰어놀 여유가 없다.

동물의 새끼도 잘 논다. 장난치고, 서로를 흉내 내고, 이런저런 일에 도전하며 살아남는 지혜를 몸으로 익힌다. 아이들에게 '놀이'란 도대체 무엇일까? 놀이는 시행착오를 반복하며 다양한 경험을 쌓는 과정이다. 동물의 새끼들은 놀이를 통해 생존에 필요한 지혜를 터득한다. 그것이 '놀이'의 힘이다.

'배운다'는 말은 '경험을 통해 안다'는 뜻이다. 아이들은 지치지도 않고 강에 물수제비를 뜨기도 하고, 줄지어 이동하는 개미 떼를 하염없이 바라보기도 한다. 또, 엉뚱한 데 한눈을 팔며 어슬렁어슬렁 돌아다니기도 하며, 쓸데없는 일에 끼어들거나 장난을 치다가 뜬금없이 달음질을 치기도 한다.

아이들이 열중하는 일이나 관심을 보이는 일은 보통 어른들에게는 그다지 가치가 없다. 오히려 대부분 어른을 귀찮게 한다. 그러나 그 일들은 아이들이 살아가는 데 필요한 정보를 터득해나가는 소중한 경험일 수도 있다.

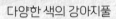

강아지풀은
이런
식물

이삭의 털은 어디에 붙어 있을까?

일반적으로는 씨앗에 보송보송 털이
나 있는데, 강아지풀은 씨앗 뿌리부터
보송보송 털이 나 있다. 이 털로 씨앗
을 해충에게서 보호한다.

다양한 색의 강아지풀

금강아지풀

자주강아지풀

식물계의 스포츠카?

식물들은 너무 더우면 시들시들
해지는데, 강아지풀은 더위에도
생생하다! 어떻게 시들지 않고
버틸까?

강아지풀은 특이하게도 뿌리 부근부터 털이 나서 씨앗을
해충으로부터 보호한다. 대다수 식물이 무더위가 몰려오면
시들시들해지는데, 강아지풀은 'C4 식물'이라는 스포츠카
의 터보 엔진처럼 광합성을 하는 특별한 구조로 이루어져,
더위에도 좀처럼 시들지 않고 생생하게 생명력을 뽐낸다.

발견 확률 : ★★★	
영어 이름 : 와일드 폭스테일 밀레 (wild foxtail millet)	
별명 : 개꼬리풀	
개화기 : 여름~가을	
꽃말 : 동심, 애교	

코와 입 사이,
인중에 올려놓고
수염인 척

손으로 조물조물하면
송충이처럼 꾸물꾸물
움직인다.

이삭으로
토끼 모양을
만들 수 있다.

강아지풀 놀이

강아지풀의 이삭을 손에 쥐면, 어른들에게도 잃어버린 '어린 시절의 꼬리' 추억이 새록새록 되살아난다. 동심을 되살려주는 요술 지팡이처럼 멋진 풀인 강아지풀은 현실적으로는 쓸모없는 잡초다. 하지만 그 옛날 강아지풀을 개량해서 어떤 작물을 만들어냈으니, 혹시 정답을 아는 사람이 있을까? 그것은 바로 건강식으로 인기가 많은 잡곡인 '조'다. 조는 높은 온도와 건조한 기후에 강해, 황무지에서도 경작되는 기특한 작물이다.

금방동사니의 줄기는
왜 삼각형 모양일까?

금방동사니 (여름~가을)

밭이나 길가에 잘 자라는 금방동사니는 학명이 사이퍼러스 미크로이리아 스튜드(Cyperus microiria Steud.)다. 학명 중간에 자리한 종소명인 미크로이리아는 학명이 사이퍼러스 이리아 엘(Cyperus iria L.)인 참방동사니의 종소명 이리아에서 비롯된 것으로, 참방동사니보다 '미세하다'는 뜻이다. 참방동사니를 닮았지만 더 작은 풀이라는 뜻으로 이름이 붙여졌다고 할 수 있다.

일본에서는 금방동사니를 '모기장풀'이라고 부르는데, 아무리 자세히 봐도 도대체 왜 이런 이름을 붙였는지 알 수 없어 의아해진다. 그런데 금방동사니를 이용한 아이들의 놀이를 보면 그 이유를 알 수 있다.

삼각형 모양으로 생긴 금방동사니 줄기의 양 끝을 두 명이서 잡아당겨 찢으면 끊어지지 않고 사각형 모양으로 펼쳐진다. 마치 입체 도형이 마법처럼 눈앞에 펼쳐지는 듯하다. 이것이 모기장처럼 보인다고 해서 붙은 이름인 것이다. 지브리 스튜디오의 애니메이션 <이웃집 토토로>에서 시골에 사는 등장인물들이 자기 전에 모기장을 치는 장면과 비슷하다.

모기장 놀이는 혼자서 할 수 없다. 요즘 아이들은 혼자서 스마트폰을 만지작거리며 노는 게 익숙하지만, 금방동사니를 가지고 놀려면 두 사람이 호흡을 맞추어야 한다. 그러지 않으면 중간에 줄기가 뚝 끊어진다. 그래서 금방동사니에는 '단짝풀'이라는 별명도 있다. 능숙하게 척척 사각형을 만들면 단짝이라는 뜻이다.

'모기장풀'이라는 이름은 식물학자가 떠올릴 수 있는 게 아니다. 아이들의 시각이 아니라면 붙이기 어려운 이름이다.

이름의 유래가 재미난 식물은 또 있다. 민들레는 어떨까. 원래 사립문 둘레에서 쉽게 볼 수 있는 꽃이라고 해서 '문둘레'라고 불리다가 '민들레'로 변했다는 설이 있다. 키가 작다고 해서 '앉은뱅이'라는 별명으로 불리기도 한다.

민들레 줄기 양 끝을 잘라 절단면에 절개선을 넣고 물에 담가두면, 절개선이 도르르 말린다. 장난감이 따로 없던 예전의 아이들은 돌돌 말린 민들레 줄기로 풍차나 물레방아를 만들어 가지고 놀았다. 민들레 줄기로 만든 반지를 손가락에 끼고 놀기도 하고, 홀씨를 입바람으로 후후 불어 날리며 놀기도 했다. 어린이들의 풍부한 감수성은 진정 놀랍다.

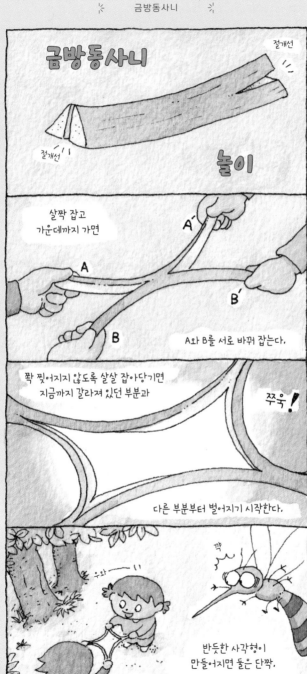

줄기 단면은 왜 삼각형일까?
철교, 에펠탑······

금방동사니는
이런
식물

삼각형은 구조적으로 튼튼하다. 에펠탑이
나 철교, 자전거 프레임 등은 삼각형의 조
합으로 만들어진다. 둥근 줄기는 휘어지
며 바람에 견디는데, 삼각형 줄기는 탄탄
해서 바람을 버텨낸다. 꿀풀과 식물 등의
사각형 줄기는 모서리 부분을 보강한 구
조가 특징적이다.

발견 확률 : ★★☆

영어 이름 : 아시안 플랫세지(Asian flatsedge)

유사종 : 참방동사니, 방동사니

개화기 : 여름~가을

꽃말 : 전통, 역사

놀잇감이 되는 식물

민들레 줄기를 쭉 찢으면 하얀 즙이 나오는데, 민들레와 닮은 국화과 식물 줄기도 마찬가지다. 옛날에는 이런 식물을 '유초(乳草)'라고 부르기도 했다. 양상추도 국화과 식물이며, 줄기를 칼로 썰면 하얀 즙이 나온다. 이 즙은 인상이 찌푸려질 정도로 쓴맛이 나며, 식물이 병원균으로부터 자기 몸을 지키는 데 쓰인다. 양상추를 칼로 썰지 않고 손으로 뜯는 까닭은 쓴맛이 없게 하려는 지혜에서 나온 것이다.

민들레 물레방아

줄기를 찢어서 가지를 끼운다

흐르는 물에 대면……

배글 배글……

분꽃 화장 놀이

씨앗의 배젖이 분가루 같아서 이름이 분꽃인데, 이 하얀 가루로 화장 놀이를 할 수 있다.

쇠무릎은 성장을 촉진하는 물질로 해충을 퇴치한다?

쇠무릎 (여름~가을)

박각시나방의 애벌레는 식물의 잎을 야금야금 갉아 먹는다. 그렇다고 식물이 가만히 당하고만 있지는 않는다. 식물은 곤충에 먹히지 않도록 다양한 방어책을 준비한다. 많은 식물들이 잎 속에 독이나 식욕 감퇴 성분 같은 화학물질을 만들어내어 자기 몸을 지킨다. 쌉쌀하면서 아리거나 쓴맛이 나는 채소나 나물도 있고, 약초로 사용되는 풀들도 있는데, 다양한 물질을 만들어내는 식물의 방어 능력 덕분이다.

그런데 쇠무릎이라는 식물은 조금 독특한 방법으로 애벌레를 퇴치한다. 놀랍게도 쇠무릎의 잎에는 애벌레의 성장을 촉진하는 성분이 들어 있다. 왜 해충인 애벌레의 성장을 촉진하는 물질을 만들어내는 걸까?

답은 간단하다. 애벌레의 성장을 촉진해 성충이 되게 해서 잎에서 내쫓으려는 속셈이다. 빨리 성충이 되는 게 좋아 보일지도 모르지만, 잎을 충분히 먹지 못하고 서둘러 성충이 된 애벌레는 덩치가 작은 성체가 되고 만다.

딱정벌레나 사슴벌레는 몸집이 큰 개체가 인기인데, 성충이 되고 나서는 아무리 먹이를 주어도 더 이상 자라지 않는다. 커다란 덩치를 자랑하는 딱정벌레나 사슴벌레가 되려면 애벌레 시절에 충분히 먹이를 먹어야 한다. 어린 시절을 충실히 보낸 개체만이 당당한 성충이 될 수 있는 것이다.

인간은 어떨까? 아이가 성장하는 모습을 보면 흐뭇한데도, 혹시나 조급한 마음에 빨리 어른이 되도록 부추기고 있지는 않은가? 만약 그렇다면 해충을 내쫓는 쇠무릎과 다름없다. 아이가 당당한 어른이 되길 원한다면, 아이가 천천히 충실하게 어린 시절을 보낼 수 있도록 도와야 한다.

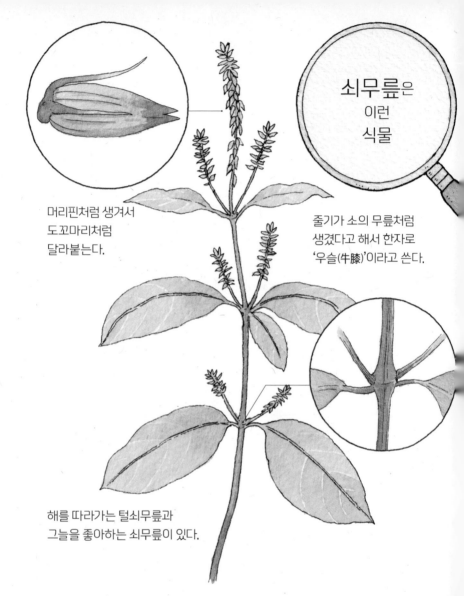

쇠무릎은 이런 식물

머리핀처럼 생겨서
도꼬마리처럼
달라붙는다.

줄기가 소의 무릎처럼
생겼다고 해서 한자로
'우슬(牛膝)'이라고 쓴다.

해를 따라가는 털쇠무릎과
그늘을 좋아하는 쇠무릎이 있다.

쇠무릎이 소의 무릎을 닮았다고 들어도 실제로 소의 무릎을 볼 일이 없어서 이해하기는 어려운데, 마디가 사람의 무릎처럼 툭 튀어나온 모양이라고 설명하면 상상할 수 있다. 줄기는 네모지게 생겼다. 둥근 줄기는 바람에 유연하게 휘어지지만, 네모진 줄기는 바람에 버틸 정도로 튼튼하다. 그래서 무릎처럼 툭 튀어나온 줄기를 갖게 되었을 수도 있다.

발견 확률 : ★☆☆
영어 이름 : 피그스 니(pig's knee)
별명 : 대절채, 마청초, 우슬(초)
개화기 : 여름~가을
꽃말 : 생명이 다할 때까지

독도 약도 되는 식물

식물은 움직이지 않지만, 냉혹한 환경과 병충해로부터 몸을 지키기 위해 다양한 성분을 만들어낸다. 이런 성분들은 인간에게 독도 약도 될 수 있다. '독과 약은 종이 한 장 차이'라는 말처럼, 독초로 불리는 식물도 약이 될 수 있다. 쇠무릎은 약초로 알려져 있는데, 뿌리는 한방에서 '우슬'이라는 한약재로 사용된다.

커피나무에서 발견한 카페인

'카페인(caffeine)'은 커피(coffee)에 알칼로이드 물질을 뜻하는 '-ine'가 더해진 단어다. 커피 외에도 차나 코코아에 카페인이 들어 있다.

토마토 잎과 줄기에 들어 있는 토마틴

토마틴은 깜찍한 느낌의 이름과 달리 유독한 성분이다. 붉게 잘 익은 토마토에는 토마틴이 들어 있지 않아 안심해도 좋다.

도꼬마리 열매 안 두 개의 씨앗은 왜 싹 틔우는 시기가 다를까?

도꼬마리 (여름~가을)

같은 부모가 낳은 자식들이라도 성격이 전혀 다른 아이들이 있다. 우리 집 아이들은 남매인데, 아들은 성실하고 야무진 반면에 동생인 딸은 천하태평으로 느긋하면서도 명랑하고 활발하다. 같은 집에서 한솥밥을 먹고 자랐는데 어떻게 이렇게나 다른지 신기할 따름이다.

식물계에도 이런 형제들이 있다. '도깨비바늘'이라는 이름으로 알려진 도꼬마리는 닮지 않은 형제라는 점에서 유명하다.

도꼬마리의 열매는 아이들에게 좋은 장난감으로 쓰이곤 했다. 도꼬마리 열매를 서로 던지고 받거나, 옷에 붙여 재미난 모양을 만들며 놀았다. 어린아이들의 친숙한 놀잇감으로 활용되었던 도꼬마리. 그 열매를 갈라서 안을 들여다본 사람은 그리 많지 않을 것이다.

도꼬마리 열매 안에는 길쭉한 씨앗이 두 개 들어 있다. 씨앗들이 나란히 붙어 있지만, 각자 성격은 다르다. 큰 것은 먼저 싹을 틔우는 성질 급한 형님이고, 작은 것은 늦되게 싹을 틔우는 느긋한 동생이다. 하나의 열매 안에서 다른 성격의 씨앗이 함께 있는 이유는 뭘까?

도꼬마리 열매는 사람의 옷이나 동물 털에 붙어 낯선 땅으로 이동한다. 새로운 땅에서 살아남으려면 언제 싹을 틔워야 할지 가늠하기 어려웠을 것이다. 그래서 빨리 싹을 틔우는 씨앗과 늦게 싹을 틔우는 씨앗이 함께하는 것이다.

성격이 다른 두 개의 씨앗 중 어느 것이 똑똑하고 어느 것이 그렇지 않다고 말할 수는 없다. 제각기 다른 성격 덕분에 지금껏 도꼬마리가 살아남은 것이야말로 자연의 신비다.

모든 어린이는 각자 풍부한 개성을 발휘하며 쑥쑥 자라야 한다. 도꼬마리도 이런 바람으로 씨앗들을 떠나보내고 있는 게 아닐까.

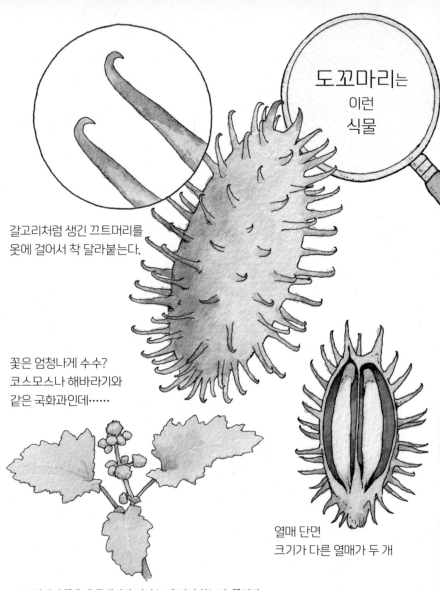

도꼬마리는 이런 식물

갈고리처럼 생긴 끄트머리를
옷에 걸어서 착 달라붙는다.

꽃은 엄청나게 수수?
코스모스나 해바라기와
같은 국화과인데……

열매 단면
크기가 다른 열매가 두 개

도꼬마리의 꽃은 초록색이라 거의 눈에 띄지 않는다. 꽃이라
기보다는 열매처럼 생겨서 곤충들에게는 매력적으로 느껴
지지 않는다. 바람을 이용해 꽃가루를 날려 보내기 때문에
굳이 화려한 꽃을 필요로 하지도 않는다. 이 수수한 초록색
꽃이 어떻게 뾰족뾰족한 가시 달린 열매로 변신하는 걸까?
열매로 변신하는 과정을 관찰하는 재미가 있는 꽃이다.

발견 확률 : ★☆☆	
영어 이름 : 커먼 커클버 (common cocklebur)	
별명: 붙는 벌레	
개화기 : 여름~가을	
꽃말 : 고집, 애교, 나태	

식물의 가시에서 그 유명한 발명이……

도꼬마리는 대표적인 갈고리형 식물이다. 표창처럼 던지며 놀거나 브로치처럼 옷에 붙여 이런저런 모양을 만들어서 다양한 방법으로 가지고 놀 수 있어 훌륭한 자연의 장난감으로 알려졌다. 도꼬마리의 열매도 붙였다 떼어냈다 다시 붙이며 오래오래 가지고 놀 수 있다. 이런 특성은 우리 모두에게 잘 알려진 발명품이 만들어지는 데 영감을 주었다. 스위스의 한 발명가는 도꼬마리 가시와 같은 특성을 자리공이라는 식물의 씨앗에서 발견해 벨크로를 발명했다.

표창처럼 던지거나……

브로치처럼
옷에 붙여서……

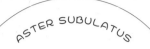

ASTER SUBULATUS

비짜루국화에는 왜 '불효자꽃'이라는 불명예스러운 이름이 붙었을까?

米 비짜루국화 (여름~가을) 米

들꽃 중에는 '효자꽃'이라 불리는 꽃도 있고, '불효자꽃'이라 불리는 꽃도 있다. 효자꽃은 민들레의 별명이다. 민들레 솜털 아래에 붙은 씨앗은 술병처럼 생겼는데, 옛날 아이들은 하얀 솜털에 입김을 불어 날리며 "기름 사러, 식초 사러" 하며 놀았다. 고사리손으로 심부름했기에 효자꽃이라는 이름이 붙은 것이다.

반대로 비짜루국화는 불효자꽃이다. 처음 핀 꽃을 나중에 뻗어 나온 옆 가지의 꽃이 밀어내는데, 첫 꽃을 부모로 나중에 뻗어 나온 꽃을 자식에 빗댄다. 자식이 나보다 나은 삶을 살기를 바라며 손발이 닳도록 뒷바라지하는 부모의 모습과 그 부모의 등골을 빼먹는 자식의 모습이 떠올라 불효자꽃이라고 불렀던 모양이다.

비짜루국화도 민들레처럼 국화과 식물이라서 솜털을 이용해 씨앗을 멀리 날려 보낸다. 불행하게도 불효자꽃이라는 꼬리표를 달았지만, 따지고 보면 나중에 핀 꽃도 자식이라기보다는 씨앗을 품은 어엿한 부모다.

불효자꽃이라고 불리는 비짜루국화가 나중에 핀 꽃을 높이 올려 보내는 것도, 씨앗을 조금이라도 멀리 보내려는 바람에서 비롯된 생존 방식이다. 그 바람은 민들레와도 같다. 민들레는 솜털을 날릴 때가 되면 꽃이 필 때보다도 한 단 더 높게 줄기를 뻗어서 솜털을 멀리 날려 보낸다.

아이들은 드높은 하늘로 훨훨 날아갈 수 있는 솜털을 가지고 있다. 이렇게 날아라, 저렇게 날아라, 더 높이 날라며 아이를 닦달할 필요가 없다. 효자꽃이든 불효자꽃이든 부모 식물이 하는 일은 자식들이 스스로 멀리 날아갈 수 있도록 조금이라도 높이 줄기를 뻗어주는 것뿐이다.

비짜루국화는 이런 식물

비짜루국화의 속명인
애스터(Aster)는
라틴어로 '별'을 뜻한다.
작고 눈에 띄지 않지만, 자세히
보면 별 모양의 꽃이 핀다.

가지를 뻗는
모습이 다른
큰비짜루국화

가지가 빗자루처럼 생겼다고 해서
비짜루국화

공터나 길가에서 흔히 볼 수 있는 꽃이다. 부스스
하게 가지를 뻗은 모습이 빗자루 같다고 해서 비
짜루국화라는 이름이 붙었다. 눈에 잘 띄지 않는
잡초의 대명사처럼 여겨지지만, 자세히 들여다보
면 작은 꽃이 깜찍하게 생겼다. 원래 비짜루국화
는 원예종으로 인기인 과꽃의 친척이다.

발견 확률 : ★★☆

영어 이름 : 솔트마시 애스터(saltmarsh aster)

개화기 : 여름~가을

꽃말 : 나는 역경에 굴하지 않아.

솜털로
패러글라이더처럼 나는
민들레,
비짜루국화

날개로
글라이더처럼 나는
백합

헬리콥터 같은
날개로 나는
단풍나무

새의 날개에
붙어서 나는
마름

하늘을 나는 씨앗의 요모조모

식물은 움직이지 않지만, 씨앗은 터전을 이동시킬 큰 기회다. 바람에 실려가거나, 새가 옮겨주거나, 하늘을 나는 씨앗들은 상당히 멀리까지 이동할 수 있다. 고층 아파트 베란다에 내놓은 화분에 잡초 씨앗이 불쑥 날아와 자랄 때도 있다. 1,000미터 상공에서 바람을 타고 날아가는 잡초 씨앗이 관찰된다는 놀라운 보고도 있다. 도대체 작은 씨앗들은 얼마나 대단한 모험을 하는 걸까.

왕과의 덩굴운동은
맨눈으로도 관찰할 수 있다?!

왕과 (여름~가을)

식물은 움직일 수 없다고 알려졌지만, 맨눈으로 움직임을 관찰할 수 있는 식물도 있다. 그중 가장 유명한 식물이 미모사다. 미모사 잎은 손가락으로 만지는 사이에 아래로 축 늘어진다. 토레니아와 누운주름잎은 암술 끄트머리를 펜촉으로 찌르면 두 갈래로 갈라진 암술 끝이 눈앞에서 스르르 닫힌다. 암술을 움직여 수술의 꽃가루를 잡기도 한다. 쇠비름도 꽃 속을 펜촉으로 찌르면 암술이 일제히 오그라드는데, 벌레로 착각하고 꽃가루를 묻히려고 잽싸게 움직이는 것이다.

식물의 성장은 생각보다 빠르다. 어렸을 때, 나팔꽃 관찰 일기를 써야 하는데 며칠 꾀를 부리며 미루었다 보니 나팔꽃이 어느새 훌쩍 자라 있어 화들짝 놀란 적이 있다. 특히 덩굴을 뻗는 식물은 성장 속도가 빠르다고 알려졌다.

식물의 성장은 눈에 보이지 않지만, 왕과의 덩굴 운동은 맨눈으로도 관찰할 수 있다. 덩굴 끝이 버팀대에 닿으면 10분도 지나지 않아 휘감고 오르기 시작하는데, 이렇게 왕과는 덩굴을 휘감으며 쑥쑥 자란다.

아이의 성장도 눈에 보이지는 않지만, 생각보다는 빨리 큰다. 태어난 직후에는 머리뼈조차 말랑말랑하던 아기가 한 해만 지나도 아장아장 걸음마를 떼고, 두 살 즈음에는 폴짝폴짝 뜀박질을 한다. 유치원생에서 초등학생이 되는 동안에는 1년에 5~10센티미터나 키가 자란다.

　놀라운 성장 속도다. 1년은 52주니까 일주일에 2밀리미터나 자란다는 뜻이다. 어른들이 하루하루를 매년 똑같이 다람쥐 쳇바퀴 돌듯 비슷한 일상을 반복하는 동안, 아이들은 놀랄 정도로 변하고 있다. 아이들은 어제보다 오늘 확실히 성장해 있다. 아이에게는 단 하루도 같은 날이 없다. 다시 돌아오지 않을 이 소중한 날들을 아이와 함께해야 하지 않을까.

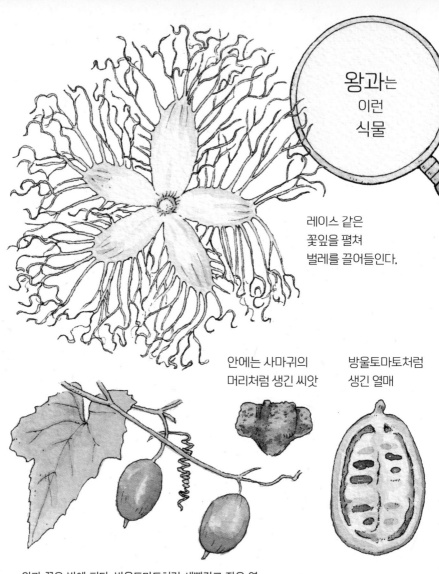

왕과는 이런 식물

레이스 같은
꽃잎을 펼쳐
벌레를 끌어들인다.

안에는 사마귀의
머리처럼 생긴 씨앗

방울토마토처럼
생긴 열매

왕과 꽃은 밤에 핀다. 방울토마토처럼 새빨갛고 작은 열매는 앙증맞은 미니어처 참외처럼 보이기도 한다. 금도은도 뚝딱 나온다는 도깨비방망이와도 닮은 왕과 씨앗을 지갑에 넣어두면 금전운이 좋아진다는 미신도 있다. 옛날 어르신들은 베이비파우더를 '천화분(天瓜粉)'이라고도 불렀는데, 왕과의 친척 식물인 하눌타리 뿌리에서 채취한 하얀 가루로 분을 만들었기 때문이라고 한다.

발견 확률 : ★★☆

영어 이름 : 재패니스 스네이크 고드
(japanese snake gourd)

별명 : 쥐참외

개화기 : 여름~가을

꽃말 : 반가운 소식, 남성 혐오

146

덩굴의 오른쪽 감기와 왼쪽 감기

나팔꽃 덩굴이 오른쪽으로 감긴다고 적힌 책과 왼쪽으로 감긴다고 적힌 책이 있다. 위에서 보면 왼쪽 감기이고, 아래에서 보면 오른쪽 감기라서 서로 다른 것이다. 나선 계단을 내려갈 때와 올라갈 때 서로 반대 방향이 되는 것과 같다. 요즘은 식물이 자라는 방향을 기준으로 삼는 경우가 많아서 나팔꽃을 오른쪽 감기라고 말한다. 덩굴이 휘감고 올라가는 버팀대를 오른손으로 잡았을 때 네 손가락의 방향과 같은 방향으로 감고 올라가면 오른쪽 감기, 반대 방향이면 왼쪽 감기다.

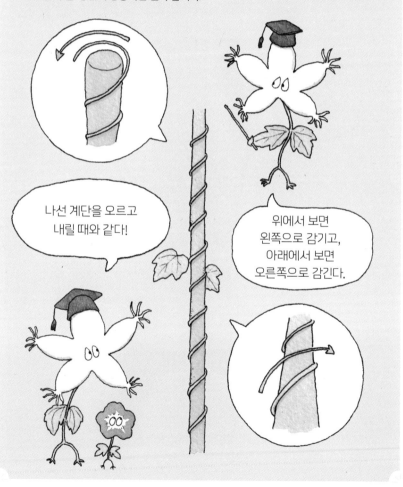

수크령의 뿌리는 왜 그토록 뽑기가 어려울까?

수크령 (여름~가을)

길가에 자라는 수크령은 솔처럼 생긴 큼직한 이삭을 드리우는 들풀이다. 얼핏 보면 강아지풀이 변장한 것처럼 보이기도 한다. 뿌리가 워낙 튼실해서 어지간히 힘을 쓰지 않고는 꿈쩍도 하지 않는다. 그 강인함 덕분에 질기고 힘센 풀이라는 '길갱이'라는 별명도 있다.

왕바랭이라는 식물은 뻣뻣한 눈썹처럼 두툼한 이삭을 드리운다. 이 풀도 수크령처럼 여간해서는 뽑히지 않아 중국에서는 소의 힘줄처럼 질기고 억세다는 뜻의 '우근초(牛筋草)'라고 불린다. 왕바랭이는 바랭이보다 몸집이 크고 억세다는 의미에서 '왕'이 붙여졌다.

수크령과 왕바랭이는 실제로 대지에 얼마큼 뿌리를 뻗고 있을까? 벼과 식물은 '수염뿌리'라고 해서 수염처럼 생긴 가느다란 뿌리가 빽빽하게 땅에 뻗는다. 아쉽게도 수크령과 왕바랭이에 대한 연구 결과는 없으니, 같은 벼과 식물인 호밀의 연구 결과를 참고하면 좋겠다.

호밀의 가느다란 뿌리를 전부 연결하면 어느 정도 길이가 될까? 이 질문을 아이들에게 했더니 "10미터는 되지 않을까요?"라며 고개를 갸웃거렸다.

"더 길거든."

"음…… 그러면 100미터요."

"더 길어."

"설마 1킬로미터요?"

정답은 600킬로미터다. 일본이라면 도쿄에서 고베까지의 거리이고, 한국의 경우에는 서울에서 부산까지보다도 길다. 고작한 포기 풀이 땅속에 이렇게나 많은 뿌리를 뻗고 있다. 벼과인 호밀이 이 정도이니 수크령과 왕바랭이도 상당한 양의 뿌리를 뻗을 것이다. 이 많은 뿌리가 잡아당겨도 뽑히지 않는 억센 힘의 근원이다.

'근성(根性: 태어날 때부터 지니는 근본적인 성질)', '근기(根氣: 근본이 되는 힘)', '성근(性根: 타고난 성질)' 등 뿌리 근(根) 자가 들어가는 낱말을 우리는 자주 사용한다. 뿌리가 사람에게도 중요하다는 것을 잘 알기 때문이다. 그런데도 우리는 가끔 뿌리의 중요성을 잊는다. 시험에서 100점을 맞았다거나, 운동회에서 1등을 했다거나 하는 식으로 눈에 보이는 성적에만 집착하는 경향이 있다. 하지만 뿌리의 성장은 눈에 보이지 않는다.

아이들은 다양한 일을 경험하고 하루하루 뿌리를 뻗어나간다. 사방팔방으로 뻗은 뿌리는 어느새 강인한 힘을 만들어낸다.

151

뿌리는 대개 굵은 원뿌리에서 곁뿌리가 나고, 다시 가느다란 잔뿌리를 뻗는다. 이 방법이어야 튼튼하게 뿌리를 내릴 수 있는데, 이러려면 시간이 걸린다. 수크령과 같은 풀은 속도로 승부를 보는데, 수염처럼 뿌리를 잔뜩 뻗는다. 축구나 농구에서 들어가든 말든 계속 슛을 하는 공격법과 비슷하다. 뱀밥(쇠뜨기 포자의 줄기)과 쇠뜨기는 땅속에서 이어진다. 쇠뜨기는 지하 깊은 곳까지 땅속뿌리를 뻗어서 옛날에는 지옥까지 뿌리가 뻗어 있다는 뜻으로 '지옥초(地獄草)'라 불리기도 했다.

뱀밥   쇠뜨기
뱀밥과 쇠뜨기는 지면
아래 줄기로 이어져 있다.

열매가 열리는 부분에서 털이!
열매에도 털에도 거꾸로
뒤집힌 가시가 돋은
도깨비바늘

수크령
실팍한 뿌리를
촘촘하게 뻗는다.

민들레
우엉처럼 지면 아래로
뿌리를 뻗어나간다.

발견 확률 : ★☆☆

영어 이름 : 드워프 포테인 그래스
(dwarf fountain grass)

별명 : 길갱이

개화기 : 여름~가을

꽃말 : 기가 세다, 신념

참억새 같은 잡초는 왜 작물보다 강하고 튼튼할까?

참억새 (여름~가을)

17세기 무렵 일본에서 집필된 책 중에 『논밭의 식용 식물』이 있다. 이 책에는 논밭의 식물은 물을 주어도 햇볕에 마르는데 길가의 풀은 물을 주지 않아도 푸릇푸릇하게 우거진다면서, 자연적으로 자라는 생물의 강인함을 칭송하는 구절이 있다.

사람이 심고 키우는 작물은 상대적으로 연약할 수밖에 없다. 반면 길가에 자라는 잡초는 자연적으로 생겨난 생명이므로 자립심이 강하고 튼튼하다. 남의 힘으로 키워지는 생명은 약하고 스스로 태어난 생명은 강하다는 가르침이 『논밭의 식용 식물』에 담겨 있는 것이다.

사람의 마음도 별반 다르지 않을까. 밖에서 주어진 요소는 비료나 물을 계속 주지 않으면 자랄 수 없지만, 내면에서 저절로 솟아나는 관심과 의욕은 자꾸자꾸 자라난다. 마치 잡초가 자기에게 적합한 곳에서 자라나듯, 사람에게도 가장 적합한 환경이 있을 것이다.

아이들은 온갖 일에 흥미를 느끼고 다양한 일에 도전한다. 때로는 아이들의 관심사가 부모가 하게 하려는 것과 다를 수도 있다. 그러니 부모들이 관점을 바꾸어보면 어떨까. 아이의 내면에서 자라나는 싹을 '잡초'로 보고 무심히 뽑아낸 건 아닌지 생각해 볼 일이다. 음악이 하고 싶은 아이에게 억지로 축구를 시켜서 그 싹을 잘라내지는 않았는지, 반대로 축구가 좋은 아이에게 음악을

강요하지는 않았는지. 마냥 노는 것처럼 보이는 아이도, 집중해서 무언가에 열중하는 아이도 그 내면에서는 무언가가 성장하고 있을 가능성이 있다.

식물에게 뙤약볕에 해당하는 고난이란 것이 언젠가는 아이에게도 닥칠 것이다. 부모가 무리하게 시켜서 무언가를 하고 있는 아이는 그때 약점이 발견될 수도 있다. 하지만 아이가 스스로 선택해서 하는 일은 뙤약볕이 사정없이 내리쬘 때 오히려 힘을 발휘할 것이다.

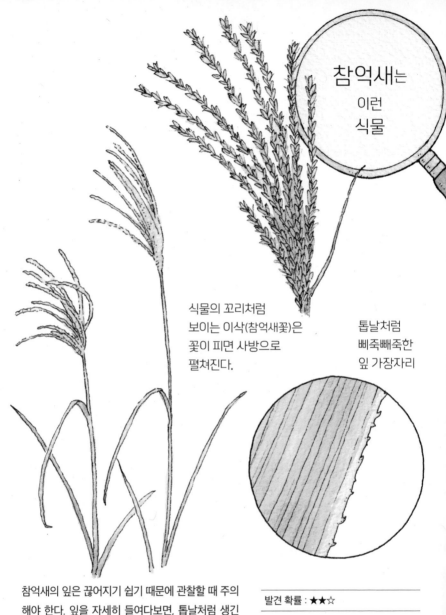

참억새는 이런 식물

식물의 꼬리처럼 보이는 이삭(참억새꽃)은 꽃이 피면 사방으로 펼쳐진다.

톱날처럼 삐죽삐죽한 잎 가장자리

참억새의 잎은 끊어지기 쉽기 때문에 관찰할 때 주의해야 한다. 잎을 자세히 들여다보면, 톱날처럼 생긴 모양을 볼 수 있다. 참억새는 단단한 유리질로 이루어진 깔쭉깔쭉한 보호막으로 자기 몸을 지킨다. 하지만 풀을 먹도록 진화한 소 같은 초식동물은 어렵지 않게 참억새를 뜯어 먹을 수 있다.

발견 확률 : ★★☆

영어 이름 : 재패니스 팜파스 그래스 (Japanese pampas grass)

별명 : 얼룩무늬억새, 호피무늬억새

개화기 : 여름~가을

꽃말 : 활력, 세력

참억새의 쓰임새

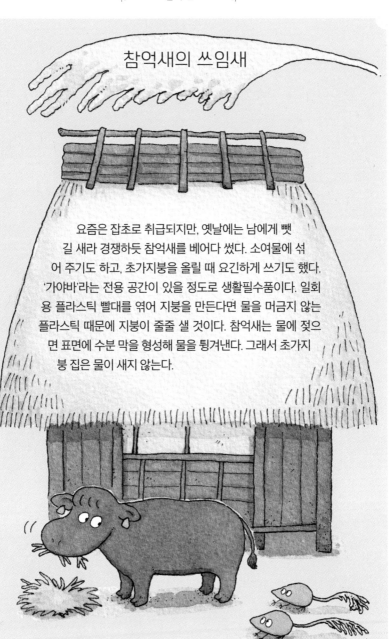

요즘은 잡초로 취급되지만, 옛날에는 남에게 뺏길 새라 경쟁하듯 참억새를 베어다 썼다. 소여물에 섞어 주기도 하고, 초가지붕을 올릴 때 요긴하게 쓰기도 했다. '가야바'라는 전용 공간이 있을 정도로 생활필수품이다. 일회용 플라스틱 빨대를 엮어 지붕을 만든다면 물을 머금지 않는 플라스틱 때문에 지붕이 줄줄 샐 것이다. 참억새는 물에 젖으면 표면에 수분 막을 형성해 물을 튕겨낸다. 그래서 초가지붕 집은 물이 새지 않는다.

물옥잠 중에 오른손잡이 꽃과 왼손잡이 꽃이 모두 존재하는 이유는?

물옥잠 (여름~가을)

논밭에 나는 잡초인 물옥잠에는 오른손잡이 꽃과 왼손잡이 꽃이 있다. 오른손잡이 꽃은 수술이 오른쪽으로 나고, 암술이 왼쪽에 붙어 있다. 왼손잡이 꽃은 반대로 수술이 왼쪽으로 나고, 암술이 오른쪽이다. 거울에 비치는 모습과 같이 오른손잡이 꽃과 왼손잡이 꽃은 데칼코마니처럼 대칭을 이룬다.

오른손잡이 꽃과 왼손잡이 꽃이 존재하는 데는 다 이유가 있다. 오른손잡이 꽃에 벌이 찾아오면, 오른쪽에 수술이 있어서 벌 오른쪽에 꽃가루가 묻는다. 이 벌이 날아가서 왼손잡이 꽃에 가면 이번에는 암술이 오른쪽에 있어서 암술에 꽃가루가 묻으며 수정이 이루어진다.

왼손잡이 꽃의 수술은 왼쪽에 있어서 벌 왼쪽에 꽃가루가 묻는데, 이 꽃가루가 오른손잡이 꽃의 암술에 묻는다. 즉 오른손잡이 꽃의 꽃가루가 왼손잡이 꽃의 암술에 묻고, 왼손잡이 꽃의 꽃가루가 오른손잡이 꽃의 암술에 묻도록 설계된 것이다.

어쩌다 이렇게 복잡한 방식으로 진화한 걸까? 야구에 비유하면, 오른손잡이 타자만 포진한 팀보다 오른손잡이 타자와 왼손잡이 타자가 골고루 있는 팀이 작전 폭이 넓어 전력이 강한 팀이 될 수 있는 것과 같다.

이것이 물옥잠의 생존 방식이다. 오른쪽과 왼쪽의 차이는 상징에 지나지 않는다. 물옥잠은 다채로운 개성을 잃지 않도록 요모

조모 머리를 써서 진화했다. 비슷한 개체들끼리 짝을 이루면 그 나물에 그 밥인 집단이 만들어지므로, 서로 다른 개체가 어울림으로써 다양한 유형의 자손을 만들어내는 것이다.

개성을 지닌 다양한 개체가 모여 집단을 이룸으로써 물옥잠은 온갖 역경을 극복할 수 있었다. 물옥잠에게는 누가 앞서고 누가 뒤떨어진다는 인식 같은 게 없다. 너도 옳고 나도 옳다는 다양성을 존중하는 멋진 식물이다.

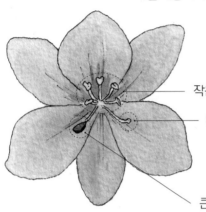

거울 대칭

큰 수술이 왼쪽에 있는 꽃과
오른쪽에 있는 꽃이 있어
'거울 대칭'이라 부른다.

물옥잠은
이런
식물

작은 수술

암술

큰 수술

물옥잠은 꽃 중심에서부터 위쪽에
다섯 가닥의 작은 노란 수술, 아래
쪽에 큰 남보라색 수술이 한 가닥씩
있고, 큰 수술 반대편에 암술이 붙
어 있다. 큰 수술이 왼쪽에 난 꽃과
오른쪽에 난 꽃이 있는데, 두 종류
가 있어서 다른 유형의 꽃끼리 가루
받이가 이루어질 수 있다.

하트 모양 잎은
제비꽃 잎과 닮았다.

발견 확률 : ★★☆	
영어 이름 : 피커럴위드(pickerelweed)	
개화기 : 여름~가을	
꽃말 : 전도양양	

164

멸종 위기 잡초

물옥잠은 논밭에서 흔히 보이는 잡초였으나 최근 일본에서는 멸종이 우려될 정도로 개체수가 줄어들었다. 아무리 뽑아도 자꾸만 자라나는 끈질긴 생명력이 잡초의 상징인데, 멸종 위기종이 될 정도로 개체수가 줄어든 귀한 잡초도 있는 것이다. 잡초 제거는 성가신 일이니 멸종해도 상관없다고 할 수도 있겠지만, 멸종한다는 건 지구상에서 완전히 사라져서 두 번 다시 볼 수 없다는 뜻이니 마냥 좋은 것만은 아니다.

네가래
잎이 '밭 전(田)' 자를 닮아서
붙여진 이름

올챙이풀
올챙이처럼
생겼대서
붙여진 이름

낙지다리속
데친 낙지 다리를
닮았대서
붙여진 이름

도꼬마리
도깨비바늘처럼 갈고리를 이용해
달라붙는 잡초의 대명사

칡은 왜 개성이 강한 식물로 꼽힐까?

칡 (여름~가을)

논밭이나 공터, 길가 등 장소를 가리지 않고 자라는 쓸모없어 보이는 풀을 뭉뚱그려 '잡초'라고 부른다. 때로는 '이름 없는 풀'로 여겨지기도 한다. 그러나 자연을 사랑한 누군가는 "잡초는 없다"고 말했다.

들판에는 노란 꽃도 하얀 꽃도 있고, 키가 훌쩍 큰 풀도 아담하게 작은 풀도 있다. 아무리 작은 들꽃에도 제각기 제대로 된 이름이 붙어 있으며, 각각 개성이 풍부하다. 이름 없는 풀이란 없다는 의미다. 무슨 당연한 소리를 하느냐고 반문할 수도 있겠지만, 생각해보면 우리는 잡초의 가치를 정당하게 평가하지 않는 경향이 있다.

이런 관점에서 보아야 할 대표적인 잡초, 혹은 식물로 칡을 꼽을 수 있지 않을까. 칡은 강인한 생명력을 지니고 있어 척박한 환경에서도 잘 자라며, 자유롭게 뿌리를 내리고 줄기를 뻗고 잎사귀를 키우며 성장해간다. 칡은 생명력만 강한 것이 아니라 개성도 강한 식물이다.

아이들도 마찬가지다. 여럿을 모아 '아이들'이라 뭉뚱그려 말하지만, 하나하나 개성을 가진 각기 다른 존재다. 달리기를 잘하는 아이도 있고, 책 읽기를 좋아하는 아이도 있다. 활발한 아이가 있는가 하면, 얌전한 아이도 있다. 성장이 빨라 조숙한 아이도 있고, 천천히 성장하는 늦된 아이도 있다.

예전에는 대개 주입식으로 교육했다. 정치적 상황이 바뀔 때마다 교육 과정도 바뀌고 학제가 개편되면서 교육 방식도 오락가락했다. 조기 교육이 좋다는 둥, 체험 학습이 필요하다는 둥 교육이나 양육 방식을 두고 치열한 논쟁이 벌어지곤 했다. 아이들이 각자 다 다르니 교육 방식을 일괄적으로 적용할 수 없다는 주장에도 일리는 있다. 주입식 교육이 맞는 아이가 있는가 하면, 대안 학교처럼 자유로운 교육이 맞는 아이도 있다.

아이들은 누구나 개성을 가지고 있어서 자라는 방식도 개성에 따라 제각각 다르다. 양육 방식에는 정답이 없다. 자녀를 기르는 어른들이 아이들에게 해야 할 일은 그리 많지 않을 수도 있다. 너무 복잡하게만 생각지 말고 좀 더 단순하고 즐겁게 아이들의 개성에 맞추면서 유연하게 대처하는 것이 바람직하지 않을까.

꽃에서는 포도 주스 냄새가 난다.
꽃잎이 나는 부분에는
노란 무늬가 있다.

지름이 30센티미터나
되는 커다란 잎

씨앗을 감싼 깍지에는
뾰족뾰족한 갈색 강모가 나 있다.

'낮잠' 자는 식물로 유명한 칡은 잎을 자유자재로 움직일 수 있어 땡볕이 내리쬐는 날에는 잎을 세워서 닫고, 밤이 오면 반대로 잎을 늘어뜨려 닫아 수분의 증발을 막는다. 씨앗이 성숙하면 깍지째로 지면에 떨어지는데, 이 과정에서 동물 몸에 붙어 다른 곳으로 옮겨지기도 한다.

발견 확률 : ★★☆

영어 이름 : 쿠주(kudzu)

개화기 : 여름~가을

꽃말 : 활력, 치유

170

아무도 이름을 모르는 풀꽃

모든 식물에 이름이 있다고 해도, 실제로는 '이름 없는 풀'로 뭉뚱그려져 아무도 눈길을 주지 않는 풀도 있다. 황무지나 길가 등 어디서나 자라는 망초가 이름 없는 풀의 대명사다. 봄까치꽃도 유명한데, 실제로는 선개불알풀이 개체수가 더 많다. 다만 꽃이 너무 작아서 알아차리는 사람이 많지 않다. 바랭이나 왕바랭이, 강아지풀은 알아도, 실제로 많이 나 있는 풀은 이름도 들어본 적이 없는 참새피다.

망초

선개불알풀

참새피

염주라는 식물에는
왜 이런 이름이 붙었을까?

염주 (여름~가을)

'잡초'라는 단어를 들으면 보통 어떤 이미지를 떠올릴까? '끈질기다', '성가시다', '골칫거리'가 잡초의 일반적인 이미지 아닐까. "가꾸지 않아도 저절로 나서 자라는 여러 가지 풀. 농작물 따위의 다른 식물이 자라는 데 해가 되기도 한다"는 것이 잡초의 사전적 정의다. 저절로 자라는 잡초에는 농사의 방해꾼이라는 의미가 담겼다.

사전의 정의가 맞는 걸까? 쑥은 밭에서 나는 잡초지만, 쑥떡을 만들 때 쓰인다. 예전에는 공터에서 자라는 참억새 잎을 베어다가 소여물로 주기도 했고, 초가지붕의 이엉으로 쓰기도 했다. 들꽃의 아름다움에 매료되어 꽃꽂이를 즐기는 사람에게는 더 이상 잡초가 아니다.

아이들은 잡초를 장난감으로 가지고 논다. 염주라는 잡초는 아이들이 열매를 실에 꿰어 염주처럼 만들어 놀기에 좋아서 이런 이름이 붙었다고 한다.

어쩌다가 도로에 무 씨앗이 쏟아졌는지 그자리에서 자라난 바람에 '근성 있는 무'라며 사람들의 관심거리가 된 적이 있다. 아스팔트를 뚫고 자란 무는 잡초일까? 길가에 자라서 거슬리는 존재라고 여기는 사람에게는 잡초겠지만, 먹을 수 있는 풀이니 채소라고 생각할 수도 있다. 아스팔트를 뚫고 씩씩하게 자란 무의 근성에서 용기를 얻는 사람도 있을 것이다.

모든 것은 보는 관점에 달렸다. 잡초를 잡초라 하는 건 우리 마음이다. 미국의 시인이자 사상가인 랄프 왈도 에머슨은 잡초를 "아직 가치가 발견되지 않은 식물"이라고 말했다.

비단 잡초뿐만이 아니다. 이 세상에 존재하는 모든 것이 둘도 없는 가치를 지니고 있지만, 우리는 그 가치를 발견하지 못하고 지나친다. 가치 있는 무언가가 우리 발치에서 자기를 발견해주기를 바라며 기다리고 있을지도 모른다.

어른들은 어떨까? 아이들의 장점을 발견해주지 못하고 개성을 잡초처럼 뽑아버리고 있는 건 아닐까? 잠시 하던 일을 멈추고 가만히 앉아서 우리 근처에 있는 존재들에게 다정한 시선을 쏟아보자. 길가에 피어난 자그마한 들꽃을 '아름답다'고 느끼는 순간, 그 들꽃은 이미 잡초가 아닐 것이다.

마치 볼을 따라
흐르는 눈물방울
같다······

구슬처럼 구멍이
뚫린 열매

절에서 쓰는 염주처럼 단단한 열매는
실제로 꽃을 감싸는 잎집(잎집, 엽초)
라는 기관으로 뚫린 구멍을 빠져나가
이삭을 드리운 꽃을 피우는 구조다.
영어 이름인 '욥스 티어스'는 잎깍지가
아름답게 빛나는 모습이 『구약성경』에
등장하는 욥의 눈물과 닮았다고 해서
붙여진 이름이다.

발견 확률 : ★☆☆

영어 이름 : 욥스 티어스(Job's tears)

별명 : 천각, 천곡, 회회미

개화기 : 여름~가을

꽃말 : 기도, 은혜

작물이 되는 잡초

율무차의 원료가 되는 율무는 야생종 염주를 개량해 만든 것이다. 귀리는 원래 메귀리라는 잡초였는데, 척박한 땅에서 밀보다 잘 자란다. '오트밀'이라고도 불리는 그래놀라의 원료가 된다. 호밀빵으로 유명한 호밀은 원래 밀밭에 나는 잡초였는데, 밀보다 추위에 강해 작물이 되었다. 쑥은 쑥떡뿐 아니라 한방에서 뜸을 뜨는 재료가 되기도 한다. 옛날부터 칡뿌리로 전분을 만들어 갖가지 요리에 활용했는데, 감기 몸살에 효과적인 한약인 갈근탕도 칡으로 만든다.

호밀
밀밭에 나는 잡초가 빵으로 변신

귀리
그래놀라 원료

칡
전분을 만들어 온갖 요리에 활용

쑥
쑥떡에 들어가는 재료

개여뀌는 의외로
인간에게 쓸모가 많은
식물이라는데?!

개여뀌 (여름~가을)

일본에는 식물 이름에 동물이 들어간 경우가 꽤 있다. 예를 들어 상귀네아백양꽃은 '여우의 머리털'이라 하고, 소엽맥문동은 '뱀의 수염', 큰까치수염은 '호랑이의 꼬리'라고 부른다.

동물 중에는 특히 '개[犬]'가 많이 붙는다. 개수염처럼 개와 모양이 비슷해서 붙여진 경우도 있지만, 보통 '개'라고 하면 '인간에게는 쓸모가 없고 개에게나 쓸 수 있다'는 의미여서, '야생의, 질이 떨어지는, 헛된, 쓸데없는' 등의 뜻을 포함한다. 개에게나 쓸모 있다는 건 인간에게 해당되는 것이 따로 있다는 의미다.

가령 개비름과 비름이 있는데, 비름은 요즘은 아마란스라는 세련된 외래어로 불리며 건강식품으로 입소문이 나 있다.

개여뀌는 '여뀌'에 '개'를 붙인 식물이다. 여뀌를 개여뀌와 구별하기 위해 '참여뀌'라고 부르기도 한다. 여뀌 종류 중에서도 쓸데가 없어서 잡초로 분류되는 것들은 개여뀌가 되었다. 개여뀌는 꽃말이 '당신에게 도움이 되고 싶어요'이며, '어독초(魚毒草)'라는 별명도 가지고 있다. 독성분을 가지고 있어 짓이겨서 물에 풀면 물고기를 기절시킬 수 있기 때문에 예전에는 개여뀌를 고기잡이에 이용했다고 한다.

개여뀌는 주로 자줏빛 꽃을 피우는데, 예전에는 아이들이 이 꽃을 따다 팥밥을 짓는 시늉을 하며 소꿉놀이를 하고 놀았다. 누가 여뀌에게 '개'를 붙였을까? 민간요법이나 한의학에서 줄기와 잎이 약재로 사용되는 쓸모 있는 식물이니 '개'가 붙은 것이 억울할 수도 있겠다.

개여뀌가 붉은 이삭을 드리우면 아이들이
팥밥을 짓는 시늉을 하며 놀았다.

개여뀌는
이런
식물

바래지 않고 줄곧
선명한 색을 유지하는
개여뀌 이삭의 비밀은?

개여뀌의 이삭에는 꽃이 빼곡하게 붙은 것처럼 보이
는데, 항상 피어 있는 꽃은 몇 송이밖에 되지 않는다.
꽃이 지더라도 불그스름한 색을 유지하는 이유는 꽃
받침이 분홍빛이기 때문이다. 꽃봉오리도 자줏빛이라
서 이삭 전체가 화사한 색깔로 벌레를 유혹한다.

발견 확률 : ★☆☆	
영어 이름 : 크리핑 스마트위드 (creeping smartweed)	
별명 : 어독초	
개화기 : 여름~가을	
꽃말 : 당신에게 도움이 되고 싶어요.	

동물 이름이 붙은 식물

일본에서는 동물 이름이 붙은 식물도 있어서 식물도감을 보면 재미난 이름을 찾을 수 있다. 도대체 왜 이런 이름이 붙었을까 상상의 나래를 펼치다 보면 시간 가는 줄 모른다. 나의 지인 중에는 매년 연하장에 '자축인묘진사오미신유술해'에 맞춰 그해의 동물이 이름에 들어간 식물을 그려서 보내는 사람도 있다. 쥐부터 돼지까지 어떤 식물이 해당되는지 찾아보는 재미도 쏠쏠하겠다.

여우의 머리털(상귀네아백양꽃)

뱀의 수염(소엽맥문동)

호랑이의 꼬리(큰까치수염)

쥐보리

말의 거름(개자리)

소의 털(페스큐)

BIDENS BITERNATA

사람 옷에 달라붙은
도깨비바늘 씨앗이
시간이 지나면 저절로
떨어지는 이유는?

도깨비바늘 (가을)

가을에 풀숲을 걷다 보면 풀 열매가 옷에 잔뜩 달라붙는 걸 경험할 수 있다. 갈고리 모양의 뾰족뾰족한 바늘처럼 생겨서 이런 식물들을 '도깨비바늘'이라 뭉뚱그려 부른다. 도깨비바늘은 동물의 털과 사람의 옷에 달라붙어서 열매 안에 있는 씨앗을 먼 곳으로 이동시킨다.

달라붙는 방법은 각양각색이다. 갈고리 모양의 가시를 거는 것도 있고, 흔히 찍찍이라고 부르는 벨크로처럼 달라붙는 것도 있는데, 종류마다 제각기 다른 방식으로 달라붙는다. 풀숲 사이를 지나온 후에는 옷에 엉겨 붙은 도깨비바늘을 떼어내느라 애를 먹는다. 그런데 좀처럼 떨어지지 않고 성가시게 붙어 있던 도깨비바늘은 가만히 두면 신기하게도 저절로 떨어진다.

자연의 섭리는 오묘하다. 도깨비바늘은 새로운 땅으로 여행을 떠나려고 옷에 달라붙은 것이라서 계속 매달려 있으면 영원히 땅바닥에 뿌리를 내리지 못하고 싹도 틔울 수 없다. 그래서 도깨비바늘은 찰싹 달라붙을 수도 있고 시간이 지나면 자연스럽게 떨어질 수도 있게 강도를 적절히 조절하도록 진화했다. 예를 들어 털도깨비바늘 씨앗은 물고기를 잡는 작살처럼 생긴 바늘로 옷에 달라붙는데, 이 바늘은 잘 부러져서 시간이 지나면 떨어진다.

아이도 도깨비바늘 같은 존재라는 생각이 든다. 껌딱지처럼 찰싹 달라붙어 부모 곁을 떠나지 않던 아이도 어느새 자라 부모 곁을 떠난다. 떼어내지 않아도 시나브로 떨어지는 도깨비바늘 같다. 그것이 새로운 세상으로 여행을 떠나는 삶의 섭리다.

아이가 도깨비바늘처럼 부모 곁에 찰싹 달라붙어 있는 시간은 오래 지속되지 않는다. 보채며 엉겨 붙는 동안에는 실컷 달라붙게 해주자. 그래야 조금이라도 멀리 나아가 넓은 세상을 구경할 수 있을 테니 말이다.

도깨비바늘은 이런 식물

거꾸로 뒤집힌 모양의 바늘은 찔려도 빠지지 않는다.

꽃잎이 없는 노란색 두상화가 나는 울산도깨비바늘

하얀 꽃잎이 나는 변종은 흰도깨비바늘

찔리면 빠지지 않는 바늘은 이동하는 동안에 저절로 빠지며 씨앗이 떨어지는 구조다. 바깥쪽 씨앗은 처음에 달라붙어서 옮겨지기 쉬운데, 안쪽 씨앗은 잘 달라붙지 않아 바로 옮겨지지 않는다. 바깥쪽 씨앗은 빨리 싹을 틔우고, 안쪽 씨앗은 한동안 싹을 틔우지 않는다. 참고로 도깨비바늘 씨앗을 심으면, 씨앗과 같은 모양의 길쭉한 떡잎이 나온다.

발견 확률 : ★★★

영어 이름 : 베가스틱(beggar's tick)

별명 : 털가막살이, 차귀사리

개화기 : 가을 꽃말 : 다가오지 마.

188

달라붙는 식물을 찾아보자

가을에 풀숲을 걷다 보면, 옷에 풀 열매나 씨앗이 잔뜩 묻는다. 낡은 양말을 신고 풀숲을 걷거나, 목장갑을 끼고 도꼬마리나 도깨비바늘처럼 달라붙는 식물을 찾으러 나가보자. 어떤 종류의 식물이 붙을까? 어떤 구조로 붙어 있으며, 어떻게 떼어낼 수 있을까? 며칠이나 달라붙어 있을까? 도꼬마리 사냥꾼이 되어 달라붙는 식물 탐색에 나서보자.

작살처럼 꿰뚫리는
도깨비바늘

긴 털로 매달리는
수크령

클립처럼
끼워지는
쇠무릎

찐득찐득한
털신득살

벨크로처럼
달라붙는
도꼬마리

나오는 말

　나에게는 아이가 둘 있는데, 지금은 모두 성인이다. 부모 중 누구를 닮았는지 두 아이 모두 과학에는 재능이 없다. 첫째는 어렸을 때 자전거와 국사 과목을 좋아했고, 둘째는 책 읽기를 무척 즐겼으며, 좋아하는 과목은 일본어와 영어였다.

　그래도 나는 괜찮다. 참 다행스러운 일이다. 특별히 우리 아이들을 식물학자로 키우고 싶다고 생각했던 적은 없으니 말이다. 그런데도 나는 짬이 날 때마다 아이들을 자연으로 데려가곤 했다.

　생물이 살아가는 데에는 두 가지 전략이 있다.

　하나는 미리 프로그래밍 된 본능을 발달시키는 전략인데, 주로 곤충들이 그렇다. 곤충은 따로 배우지 않아도 살아갈 수 있다. 그러나 예측 불가능한 사태에 대응하지 못한다는 단점도 있다.

　반면 포유류는 지능을 발달시키는 전략을 선택했다. 포유류는 온갖 사태에 대응할 수 있으나, 배우지 않으면 아무것도 할 줄 모른다는 단점이 있다.

우리 포유류의 뇌는 텅 빈 상자와 같다. 이 텅 빈 상자에 다양한 지식과 지혜를 채워 넣어야 한다. 이 세상에 태어난 아이들이 이 텅 빈 상자를 준비하거나 상자 용량을 늘리려면 자연의 힘이 필요하다고 나는 믿는다.

아무리 잘났더라도 인간은 포유류에 지나지 않는다. 그 포유류의 자식들이 살아가기 위해 큼직한 상자를 마련하려면, 오감을 갈고닦아서 자연계의 숨결을 느낄 필요가 있다. 아무것도 가르치지 않아도 아이들은 자연에서 자극을 느끼며 자랄 수 있다.

그리고 또 한 가지, 생물에는 중요한 전략이 있다. 바로 '다양성'이다. 자연계에는 갖가지 풀꽃이 존재한다. 같은 종류의 풀꽃이라도 태어나거나 자라는 방식은 제각기 다르다. 자연계에서는 무엇이 올바르고, 무엇이 뛰어난지 알 수 없다. 그렇기에 경우의 수를 늘리는 데서 가치를 찾아낸다.

자연계에 피는 꽃이 오직 한 종류밖에 없다면 얼마나 따분할까. 그러나 자연계에는 색도 모양도 각양각색인 꽃이 수없이 핀다. 그래서 이 세상은 즐겁고 아름답다.

－이나가키 히데히로

이런 식으로 자란다

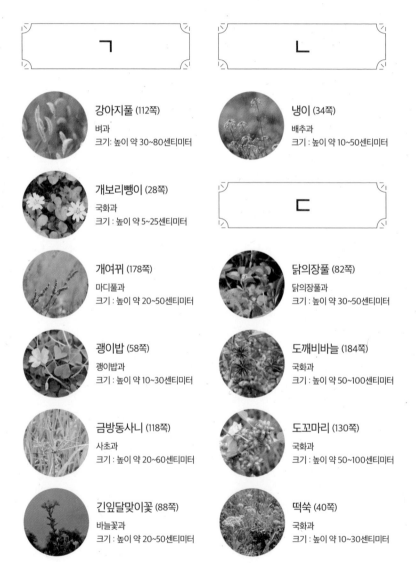

ㄱ

강아지풀 (112쪽)
벼과
크기: 높이 약 30~80센티미터

개보리뺑이 (28쪽)
국화과
크기 : 높이 약 5~25센티미터

개여뀌 (178쪽)
마디풀과
크기 : 높이 약 20~50센티미터

괭이밥 (58쪽)
괭이밥과
크기 : 높이 약 10~30센티미터

금방동사니 (118쪽)
사초과
크기 : 높이 약 20~60센티미터

긴잎달맞이꽃 (88쪽)
바늘꽃과
크기 : 높이 약 20~50센티미터

ㄴ

냉이 (34쪽)
배추과
크기 : 높이 약 10~50센티미터

ㄷ

닭의장풀 (82쪽)
닭의장풀과
크기 : 높이 약 30~50센티미터

도깨비바늘 (184쪽)
국화과
크기 : 높이 약 50~100센티미터

도꼬마리 (130쪽)
국화과
크기 : 높이 약 50~100센티미터

떡쑥 (40쪽)
국화과
크기 : 높이 약 10~30센티미터

ㅁ

새포아풀 (70쪽)

벼과
크기 : 높이 약 10~30센티미터

물옥잠 (160쪽)

물옥잠과
크기 : 높이 약 20~50센티미터

쇠무릎 (124쪽)

비름과
크기 : 높이 약 50~100센티미터

민들레 (76쪽)

국화과
크기 : 높이 약 10~30센티미터

쇠비름 (106쪽)

쇠비름과
크기 : 땅을 기어간다.
높이 약 15~30센티미터

ㅂ

수크령 (148쪽)

벼과
크기 : 높이 약 60~80센티미터

봄망초 (16쪽)

국화과
크기 : 높이 약 30~60센티미터

ㅇ

비짜루국화 (136쪽)

국화과
크기 : 높이 약 50~120센티미터

애기땅빈대 (94쪽)

대극과
크기 : 땅을 기어가는 줄기는
길이 약 10~20센티미터

ㅅ

연꽃 (100쪽)

연꽃과
크기 : 높이 약 10~35센티미터

살갈퀴 (22쪽)

콩과
크기 : 높이 약 30~100센티미디

염주 (172쪽)

벼과
크기 : 높이 약 100~200센티미터

왕과 (142쪽)

박과
크기 : 덩굴을 길게 뻗어 자란다.

ㅌ

ㅈ

토끼풀 (46쪽)

콩과
크기 : 높이 약 5~15센티미터

제비꽃 (10쪽)

제비꽃과
크기 : 높이 약 10센티미터

ㅍ

풀솜나물 (52쪽)

크기 : 높이 약 5~30센티미터

질경이 (64쪽)

질경이과
크기 : 높이 약 10~20센티미터
※ 사진은 미국질경이

ㅊ

참억새 (154쪽)

벼과
크기 : 높이 약 100~200센티미터

칡 (166쪽)

콩과
크기 : 덩굴을 길게 뻗어 자란다.

참고 문헌

『들꽃으로 노는 도감(野花で遊ぶ図鑑)』, おくやまひさし 지음, 地球丸, 1997

『산골 마을 산책 식물도감(里山さんぽ植物図鑑)』, 宮内泰之 지음, 成美堂出版, 2017

『산책에서 발견하는 풀꽃·잡초 도감(散歩見かける草花·雑草図鑑)』, 高橋冬 지음, 鈴木庸夫 사진, 高橋冬 해설, 創英社, 2018

『산책이 즐거워지는 잡초 수첩(散歩が楽しくなる雑草手帳)』, 稲垣栄洋 지음, 東京書籍, 2014

『아이에게 가르쳐줄 수 있는 산책 풀꽃 도감(子どもに教えてあげられる散の草花図鑑)』, 岩槻秀明 지음, 大和書房, 2017

『아이와 함께 외우고 싶은 길가의 풀 이름(子どもと一緒に覚えたい道草の名前)』, 稲垣栄洋 감수, 加古川利彦 그림, マイルスタッフ, 2017

『아이와 함께 찾는 풀꽃 산책 도감(子どもと一緒に見つける草花さんぽ図鑑)』, NPO法人自然観察大学감수, 永岡書店, 2019

『원색 도감: 발아와 씨앗(原色図鑑: 芽ばえとたね)』, 浅野貞夫 지음, 全国農村教育協会, 2005

『즐거운 풀꽃 놀이(たのしい草花あそび)』, 佐伯剛正 지음, 川添ゆみ 그림, 岩崎書店, 2001

『초목의 씨앗과 열매(草木の種子と果実)』, 鈴木庸夫·高橋冬·安延尚文 지음, 誠文堂新光社, 2012

세상에서 가장 재미있는
30가지 식물학 이야기

1판 1쇄 발행 2025년 3월 3일

지은이 이나가키 히데히로
옮긴이 서수지
펴낸이 이재두
펴낸곳 사람과나무사이
등록번호 2014년 9월 23일(제2014-000177호)
주소 경기도 파주시 회동길 508(문발동), 스크린 405호
전화 (031)815-7176 **팩스** (031)601-6181
이메일 saram_namu@naver.com
표지디자인 박대성
영업 용상철
인쇄·제작 도담프린팅
종이 아이피피(IPP)

ISBN 979-11-94096-08-5 03480